30個看穿人心的談判魔法，讓對手聽你的

林家泰——著

【推薦序】

做生活的談判家

資深媒體工作者、財經節目主持人　林筠騏

我曾經想過一個問題，當年司馬懿兵臨城下，遇到諸葛亮的空城計而撤退，而讓後世笑話司馬懿笨，這麼簡單就被孔明設局騙了，但事實眞是如此嗎？精明如司馬懿怎會無法看穿孔明的把戲？也許他想的是如果他打贏了這場仗，孫家將視他為威脅？而且消滅了劉備，也等於幫了曹操，孫吳的地位也岌岌可危，所以，他很聰明的被騙，讓孔明以「空城計」大獲全勝！別忘了，最後一統三國的可是他的孫子司馬炎啊！

我們習慣「眼見為憑」，但談判玩的卻是「眼見不得為憑」，不到最後關頭，沒亮出最後一張底牌，不知誰是贏家，一時的忍辱是負重，是為了日後的大成功。而這樣的啟蒙來自於本書的作者——林家泰。

家泰是我的大學學長，當時一進社團選擇跟他同在「公關組」，在他的帶領下，學習了些說話的技巧，與待人接物的道理。當然，這些能力相較於他現在的功力，可能不及其一，但卻是我對溝通、談判技巧學習有興趣的開始。但所幸他寫了書，將多年來談判經驗、技巧公諸於世，而且重要的是，除了運用在房仲專業外，更適用於職場及生活。

職場如戰場，若你已身經百戰，絕對會同意我說的話，我不鬥人人自鬥我，面對爭功諉過的主管，如何因應？百般努力工作也換不到加薪升職，如何是好？同事之間總是左猜右忌，不知如何凝聚向心力？……有這些問題的人，都可以在這本書中得到解答。

也許你會好奇，職場跟成交的談判有何關係？就如家泰開宗明義就說：「在我們的生活中也隨處都在上演著同樣的交涉體驗。」想想是不是如此？對公司就是利益交換，你付出了時間與勞力、腦力、心力，老闆交換了薪資。你的好表現，就會凸顯出另一同事表現不好，利益不平衡了，心態怎麼平衡？如果可以善用談判技巧，將失衡的局面挽救回來，職場的關係就會大大改變。

生活也是如此。夫妻關係、親子問題，如果摒除掉情緒問題，理性地用談判技巧來處理，將會產生四兩撥千金的效果，這些好處，在讀了本書之後，將會深刻的體會到。

家泰喜歡說歷史，因爲以史爲鏡可以知未來。這一次，他將自己過去擔任業務主管時的親身經驗寫出，無非就是希望幫助更多的人，可以用更生活化的故事來理解談判不是什麼大學問，但卻是一輩子都必須具備的能力，因為你隨時用得上。

再舉一個很有趣的三國故事，孔明騎驢進城巧遇周瑜，周瑜問：「吃飯了嗎？」孔明說：「謝謝，我已用過膳了！」周瑜得意的說：「我問驢呢，你插什麼話！」孔明立刻抽了驢兩耳光，罵道：「城裡有親戚也不說一聲。」這段簡短的對話，誰贏誰輸呢？不管你現在有沒有答案，但我相信，看完這本書以後，你的答案一定會很不一樣！

【推薦序】

一輩子的合作要放下性格，彼此成就

毅太企業股份有限公司總經理　洪芳興

家泰兄與我結識於台北青商會，他由仲介經紀人轉換跑道成為全國知名的講師，非常用心地整理許多資訊，再透過演講和出書的方式分享給大衆。

這本書家泰兄特以過去在房仲業耕耘的故事，企圖以情境畫面來為讀者建立商務交涉、交易談判、合約協議，以至於生活上人情溝通的技巧，運用說故事的方式來傳達，的確比寫一堆理論，讓人更能輕鬆進入，並且收穫滿滿。

我有幸率先閱讀本書，對於所載的三十則故事頗有共鳴，個人認為在交易買賣的過程當中，擁有正確的思維非常重要，看故事中買賣雙方和仲介經紀人經由溝通和談判，到取得最好結果的過程，無形中已幫助讀者建立起好的思維。譬如家泰兄這樣寫：

「決定案子是否談得下來，不是案子本身而是人。」

「關於人的因素非常的多，不只因爲每個人的特質風格都不一樣，每一個人的用心程度更不相同，光是表達力就差很多。」

「我認爲智慧由聽而得，悔恨由說而生。君子話簡而實，小人話雜而虛。不必說而說，這是多說，多說要招怨；不當說而說，這是瞎說，瞎說要惹禍。」

同時家泰兄也教大家：

「掌握以下三點你就可以很容易做到：①說話要言之有物。②內容要言之有序。③表達要言之有采。」以上知識如果好好的體會和揣摩，相信將會受用不盡。

仲介經紀人的行業是經營人脈的過程，如同經營社群和社團，人格特質非常重要，下列觀念和大家一起分享：「喜歡付出，福報就越來越多；喜歡感恩，順利就越來越多；喜歡助人，貴人就越來越多；喜歡抱怨，煩惱就越來越多；喜歡知足，快樂就越來越多；喜歡逃避，失敗就越來越多；喜歡分享，朋友就越來越多；喜歡占便宜，貧窮就越來越多；喜歡布施財，富貴就越來越多。」

人是觀念的動物，你的行為後面有什麼樣的觀念，就會做出什麼樣的行為、就會表現出什麼樣的態度。三人行，必有我師。書中很多故事和經歷可為大家提供知識和效益。《易經》上說，謙虛是最吉利的卦詞。凝聚最具遠見的談判技巧和知識，尋求爭執雙方共同的價值觀，為交易、議價、人際溝通再造新的動力。只要確立正確的方向，掌握先機，把握情勢，相信不管在職場或是日常生活上這本書一定能提供各位處處得利的局面。

【推薦序】

極高明而道中庸

亞洲八大名師、策略管理博士　陳志明

常聽人道，溝通要莫逆於心，直講眞話。然而很多時候卻是「仗義直言惹人嫌」，於是改變方針委婉圓滑，卻又落得「巧言令色鮮矣仁」。

假話是萬萬說不得的，那麼究竟該講眞話？還是講好話？其實溝通該講的，叫做「妥當話」。

《荀子》勸學篇有言：「故禮恭，而後可與言道之方；辭順，而後可與言道之理；色從，而後可與言道之致。

故未可與言而言，謂之傲；可與言而不言，謂之隱；不觀氣色而言，謂瞽。

故君子不傲、不隱、不瞽，謹順其身。」

意思是對於恭敬有禮的人，才可與之談道的宗旨；對於言辭和順的人，才可與之談道的內容；態度誠懇的，才可與之論及道的精深義蘊。

所以，跟不可與之交談的交談，那叫做浮躁；跟可與之交談的不談那叫怠慢；不看對方回應而隨便說話的叫做盲目。

因此，君子不可浮躁、也不可怠慢、更不可盲目，要謹慎地對待每位與你交談的人。

這段文章道盡了溝通談判的大義，首先自己是否準備妥「禮恭」「辭順」「色從」？過程中掌握節奏及權衡機宜能做到「不傲」「不隱」「不瞽」，則可適時適地說出「妥當話」，達成賓主盡歡。

我的良師益友「談判魔術師」林家泰老師多年來致力於「理解人性、創造價值」，在實務和講授等領域都達到莫大的成就，尤其在協助企業界朋友們掌握優勢的方向和發揮職能的價值上起了很大的貢獻，現在家泰老師將他的看家本領無保留地寫在這本書中，用極貼近生活的實境案例，提點談判心法，讀來生動活潑，在四兩撥千金的談笑風生中，讓讀者學習到成竹在胸、收放自如的溝通技巧，並且能談笑用兵、遊刃有餘地用在生活和工作上。光是閱讀就令人拍案叫絕、大呼過癮。

我有幸先睹爲快，受益匪淺，故樂推薦之。

【自序】是談判技巧，也是人際溝通術

從事談判教學多年，一直有不少朋友關心，我什麼時候要寫與談判有關的書？但是這件事一直讓我很猶豫，一來市場上每年都有不少談判、交涉的書出版，二來自己能夠寫作的時間實在有限，所以這個出版計畫就因而延宕至今。

在思考本書構成時，我回想這些年來的教學經驗，深切地感受到，與其談一堆理論，還不如講些實際的案例，讀者們可能更容易理解和掌握談判要領。而在編寫三十則談判實境上，我選擇了以房仲業爲背景，主要是因爲，這行業是我進入職場的第一份工作，對一個青澀初出社會的新鮮人來說，是最有衝勁且吸收力最強的時期，在那段時間我學到最多，而且作爲最前線的菜鳥業務，就像被放在大馬路上的幼童，天天在驚慌摸索中吸取教訓，當時所發生的各種血淚故事至今仍栩栩如生地留在我的腦海裡。在寫就本書的過程中，有好幾回彷彿時光倒轉，我感覺自己再變回到那個二十幾歲年輕懵懂的我。

除此之外，選擇房仲業做例子，是因爲對大多數人而言，買賣房子是一輩子的大事，一般都會更謹慎看待，而且其中所潛藏的談判角力，相對於買菜、買車的生意又更爲深奧，喊價、殺價之間稍有不愼，都可能衍生層出不窮的買賣糾紛。

不過，這本書並不會告訴各位如何殺價，也不會教你怎樣買到好房子，而是藉由三十個有血有淚的房仲故事帶各位了解人性，因爲人才是談判的核心。懂得看穿人心的技巧，在談判桌上就贏了八成五，若是進一步學會做人，創造雙方都不輸的局面，那才是真正的贏家。

談判桌上最困難的事莫過於如何判斷眞僞，我到底該不該相信對方？對方說的是眞的嗎？隨著本書三十個故事中，所出現的不同主角、面對的對象、交手過程中的情緒起伏、遭遇僵局而陷入低潮、柳暗花明地遇到貴人相助、當感覺勝券在握，卻突然風雲變色轉居劣勢……這些不只是房屋仲介的角力情境，在我們的生活中也隨處都在上演著同樣的交涉體驗。書中的每一則故事和談判心法絕對都可以套入你個人的生活場景。

全書分成幾個篇章：

第一章、談判前先做好心理建設：首先要認清自己的立場。在談判桌上多數時候不是對手一開始就比你強，而是我們被自己蒙蔽了，用自以爲是的眼光去判斷對方。一定要經常提醒自己，爲什麼對方能讓你心甘情願地掀開自己的底牌？面對社會經驗豐富的客戶怎樣才能讓他信任你？如何識破殷勤老狐狸的眞面目？

第二章、為自己建立談判優勢：如何在一開始就取得優勢？談判也像兩軍交戰，能在交戰前讓自己掌握有利的因素，那麼獲勝的機會自然大很多。當客戶知道你手上的底牌，你要如何反敗爲勝？遇到比自己還專業、手段強勢的對手，該如何因應才能翻轉？遇到看起來來者不善的對手你要如何搞定？

第三章、讓情勢轉向有利於你：談判進行的過程中，縱然事前已沙盤推演，但計畫永遠趕不上變化，更怕遇到的狀況是，原本進行很順利的案子，忽然對方翻臉不認人。如何用一杯咖啡搞定？對方理虧竟找來有力人士拍桌子，該如何化解危機？遇到吹毛求疵斤斤計較的人眞頭大，談判高手將如何搞定呢？

第四章、解開膠著的局面：談不下去了怎麼辦，如何突破僵局？屋裡一盞三十年的舊水晶燈，屋主大開口另外要價一百萬，屋主到底在想什麼？買方到了簽約那一天忽然要無賴，後來爲什麼還是乖乖的簽約了？動不動就罵三字經的建設公司總經理到底隱藏了什麼秘密？

這本書不只是要教大家談判的技巧，更希望透過實境的人際互動，也讓各位從中領悟出促進人際和諧的溝通技巧，而且不管是用在銷售、說服、協商和日常生活上，都能無往不利。

【故事主要場景和人物介紹】

◆場景：

魔法一店：蔡店長所帶領的黃金業務員們，與各方進行協商、說服、交涉……運籌帷幄的現場。

魔法二店：支援一店，與黃金業務員們攜手合作的友店。

◆黃金業務陣容：

蔡店長：江湖上傳說的超級黃金業務員，曾經出過唱片，卻陰錯陽差投入房仲業。身高不到一七〇公分，皮膚白皙，戴著黑框眼鏡，臉上總是掛著老實憨厚的笑容，從外表很難看出他曾經拿下全集團的總銷售冠軍。只有跟他交手過的人，才會知道在他迷糊的表象下，隱藏著精明內斂、決策明快的金頭腦，是個眞正的狠角色，總能在案子撲朔迷離的時候就看出端倪，而且也跟他一手調教出來的超級業務雄鳴一樣，都是「師奶殺手」。

雄鳴：蔡店長的得意門徒，魔法一店最資深的黃金業務，是廣受學弟妹景仰的大師兄，被衆人尊稱爲雄哥。職業軍人退伍，個性成熟穩重，特別是跟女性顧客談案子的時候，總能散發出自然的魅力，是業界公認的「師奶殺手」，經常被蔡店長指派協助學弟妹談案子。

梂楷：笑起來很像果汁軟糖「甘貝熊」，同一區的同事都叫他「帶看王子」，因爲總是能夠把普通的房子介紹得很生動，有幾個出了名老看不買的觀光客，竟然都被他說動成交了，實在很厲害。

駿遙：曾經一天簽約七個物件。接案時常讓人感覺有點屌兒啷噹不大認眞，其實是鴨子划水的黃金業務。看起來非常難搞的顧客一遇上他，幾乎全部被Close，是令一干同事嘖嘖稱奇的厲害高手。

婷翡：長相甜美，身高一六八公分，擁有「名模比例」的正妹。由於長得跟昔日的玉女歌手孟庭葦有七八分相似，而被封爲「房仲甜心」。個性雖然有些嬌縱，但是業務企圖心比男同事還強，不少老闆級的顧客一遇到她就投降了。

秉熙：店裡最資淺的菜鳥。皮膚黝黑、肌肉結實，是在石碇茶園長大的純樸大男孩。一口台灣國語總讓他輕鬆就贏得客戶的信任。誠懇老實的態度更讓他成功爭取到許多資深業務都無法順利成交的黃金店面，從此一鳴驚人，並成爲業界鼓勵新人的最佳典範。無私利他的精神，是他所擁有最強大的能量。

齊昌：跟秉熙同一時期進公司，但外型卻截然不同，若說秉熙像個純樸農夫，那他就是典型的都會萬人迷小白臉，比起老實很肯拚的秉熙，齊昌在外型上就占了先天優勢，加上能言善道，總是能好運連連。

推薦序

自序

第一章
談判前先做好心理建設

第二章

為自己建立談判優勢

第三章
讓情勢轉向有利於你

第四章 解開膠著的局面

結語

第一章

談判前先做好心理建設

01

成功的談判，85%取決於你對人性的掌握

從事房地產銷售，讓我有機會接觸到形形色色的客户，譬如說律師。

在一般人的印象中，律師不但擁有法律專業素養，在法庭上咄咄逼人的口才氣勢更是了不得，這樣的人在談判的時候應該是無往不利吧！不管是買房子或賣房子，應該都可以為自己爭取到比較好的條件才是，但根據我的經驗，好像也只比一般人好一些。

這是因爲，在談判桌上很多時候，我們都是在跟自己的貪婪與恐懼拉扯。

談判實境　從對方細微的舉止中找出有利的訊息

我帶蔡律師看房子的時候才入行半年多，五十多歲的她穿著灰色套裝，戴著銀邊眼鏡，不但沒什麼笑容，講話時還會直盯著對方的眼睛，像是要看穿人的心似的，挺嚇人的。她先生也是律師，不過看他跟蔡律師說話時唯唯諾諾的

樣子，我揣測他們家的事情應該都是蔡律師說了算。

我前前後後帶蔡律師看了超過二十間房子，她一直不滿意，讓我一度懷疑她根本只是想找便宜的房子投資，也可能是假日閒來無事，純粹逛房子觀光。終於，她看上一間屋齡三年總價一八〇〇萬的電梯華廈。

蔡律師非常仔細地查看屋況，不但登上屋頂眺望附近是不是有夜總會（就是墳場啦！那個年代還沒有Google map一定要到現場才會知道），進到浴室也會蹲下來摸摸牆角，檢查有沒有漏水，問問題更是犀利無比。原來是因為她過去辦過不少房地產買賣糾紛案，非常清楚房地產的糾紛通常會發生在哪些地方。遇到這種客戶的缺點是處理起來很辛苦，好處是以後發生糾紛的機會會少很多，只不過越是認真的買方往往也曝露了自己的最大弱點。

看完房子三天後蔡律師終於打電話來了，願意出價一四八〇萬。她說了很多原因，要我跟屋主說，這房子頂多只能賣到一四五〇萬，而她已經多出了三十萬，是很好的價錢了。對照她之前的精明，加上她又是個律師，會說出這樣的話讓我感到非常不可思議，因為沒有一個買方會明知市價最多一四五〇萬，還願意出更高的價格購買。如果不是她一向都這樣處理事情，那就是她把我給看扁了。

我顧慮到她的面子，加上我當時才二十五歲，很怕她會惱羞成怒，所以沒有馬上回她一四八〇萬太離譜，反而耐著性子讓她花上二十分鐘說明爲什麼出價一四八〇萬。一直到她提出要我去收斡旋金，我才告訴她，前天有個客戶出價一七二〇萬，同事都不敢收斡旋金了，我怎麼可能會收她的。

我盡量語氣平和，但她馬上恢復向來的氣勢，罵了我兩分鐘後掛斷電話。透過話筒我感覺得出來她其實滿挫折的，這也讓我心生自信，很有把握她一定會再加高價錢，而且會加很多，因爲在陪她看過這麼多房子後，看得出她對這間房子的態度，比起過去幾次差異非常大。

優秀的談判人員一站上談判桌，一定都會時時刻刻的觀察對方言行，以期從對方細微的舉止中找到有利的訊息。

只要洞察人性就有機會勝出

從事談判教學多年，常有學員問我，成功的談判最重要的是什麼，以我個人的經驗：「成功的談判是，十五％專業＋十五％準備＋十％臨機應變＋六十％理解人性」。但十五％的準備與十％的臨機應變也都跟人性有關，所以其實可以說，成功的談判有八十五％是取決於你對人性的掌握。

十五％專業：在這個案例子中，就是房地產相關知識以及對區域行情的了解。

十五％準備：即是蒐集與雙方有關的資料，並做出研判，甚至沙盤推演，譬如說，我會針對對方的個性設計互動模式，除非對方非常內向害羞，或者非常不擅言詞。通常我都會在破冰暖場時多問幾個能讓對方發揮的問題，讓對方願意多談談自己，這樣對方就比較容易對你產生好感，在談條件時也就比較不會陷入僵局。

十％臨機應變：計畫永遠趕不上變化，任何的談判都要有臨機應變的心理準備。萬一對方來了超過兩個人，而且來勢洶洶，我的策略就會盡量讓對方陷入猜忌、彼此嫉妒的不合作狀態，好讓形勢扭轉成有利於我方。

六十％理解人性：針對對方的個性、需求、彼此關係……從人性的角度去解讀，然後設計互動的模式，找到如何達成共識的方法。也就是藉機引發猜忌、嫉妒、貪小便宜、自以爲是、不甘心、心軟……等，譬如說對方個性很直爽急躁，就可以利用激將法，像在這個案例中，我觀察到蔡律師其實很喜歡這間房子，於是採取欲擒故縱的策略，這就是針對人性來解套。

＊＊＊

順帶一提，你知道蔡律師用多少價錢買到那間房子？答案是一六八〇萬。

上班族求職求薪、升遷加給要這樣出招

人性的最大弱點就在於貪婪與恐懼，但只有這樣的認知並不足以取得談判優勢。舉例來說，很多上班族都會選在農曆年前後跳槽換工作，有些公司也會在年底開始挖角尋找合適的人才，如何談薪酬和職位，或者如何跟主管談加薪，都是讓許多上班族傷透腦筋的談判難題。

一般而言，如果是被挖角，上班族比較敢於開口談薪酬，但心上還是會怕開高了嚇到對方，開低了又覺得不甘心。如果是跟原公司主管談加薪，那又更加如履薄冰，深怕說錯話會讓主管不高興，而給自己帶來麻煩。更讓人害怕的是，老闆口頭上答應了，卻趁你不注意來個回馬槍，讓你啞巴吃黃蓮苦不堪言。

這類情況下，就可以套用「成功談判公式」：

十五％專業：就是你平常在公司的表現與價值呈現，以及你是否了解自己的能力與資歷在業界的行情。

十五％準備：就是如何放出消息；利用「失去才懷念」的人性，把你想跟主管談的條件透露出去。有些聰明的上班族很會利用放風聲的方式，讓自己想跳槽的訊息傳到主管耳朵，等主管找自己詢問時，才來談條件。但是，萬一主管沒找你證實消息，就表示你的重要性還不夠，不如繼續練功或是準備另謀高就。

不過，這樣的處理方式潛在著極高的風險；假設是你故意放出消息被知道了，某些主管可能會認為你的穩定性不高，或是借機自抬身價，而懷疑你的忠誠度，這將會阻斷你日後的發展。

但如果消息很順利地從第三者口中傳開來的話，你大可否認，靜觀其變。當「某某人好像有公司要挖角」的八卦傳得沸沸揚揚時，如果你對自己的價值判斷正確的話，主管的確會比較緊張，你就有很高的機會談成希望的條件。

十％臨機應變：這裡指的是，萬一主管根本不理會你是否眞的有其他打算，或是當你和主管談不攏時，你應該如何退場才不會影響日後的相處。

六十％理解人性：就是說，你是否掌握了主管的性格以及用對方法。

總之，談判的對象是人，不論對方的專業能力再強，最後還是會依自己的情緒來判斷，甚至陷入談判困境，如果你很懂得運用人性就能化險爲夷，轉危爲安。

想在每一次談判的過程中取得優勢，絕對不忘花時間去了解對方，從對方的個性找到突破點，那麼你就會擁有最大的勝算。

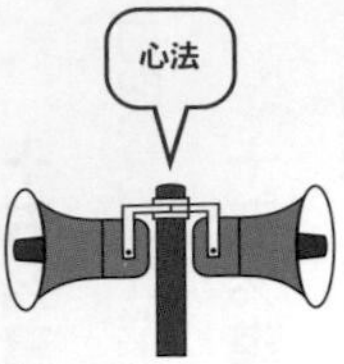

時時觀察對方的行為，從細微的舉止中找到有利的訊息。

02

在談判桌上，就算對方一臉誠懇也不能當朋友

我在房屋仲介職涯中曾跟不少態度強硬、堅持己見的人交手過，不論是價格動輒幾千萬的房地產，或是買車、簽合約、協調糾紛……等，大家爲了自己的利益都無所不用其極，所以難得遇到和藹可親、笑容可掬的對手時，任誰都會珍惜並且眞心相待，但有些時候眞相並不如我們所想的那樣，畢竟人心是很難揣測的。

談判實境　從對方的態度去透視他的動機

「要不是我剛好在講電話，就不會錯過這個櫥窗客人的接待。」聽著同事齊昌形容剛剛帶看的客戶有多麼的客氣，看的又是上千萬的案子，我心裡不免

覺得有些遺憾。當時候，在我所負責的商圈內，能夠成交三〇〇〇萬的案子，是相當了不起，很風光的事。

齊昌帶看的這位林董，年近六十，前額微禿且已滿頭白髮，是個非常慈祥的長者，而且親自開著賓士載齊昌去看物件，一路上跟齊昌聊了很多他個人的隱私，從白手起家的過程，到因爲過度投入事業而錯過孩子的成長，導致父子感情疏離。甚至爲了彌補虧欠，林董特別將事業交給專業經理人管理，一整年的時間都留在澳洲專心陪兩個孩子，那是林董這輩子最快樂最輕鬆的時光。

但萬萬沒想到一回到台灣就發現胃癌，還好經過化療後已慢慢恢復健康。現在重回公司掌舵，他希望有生之年能爲一起打拚的員工，創造幸福的企業。齊昌轉述得口沫橫飛，好像巴不得也去林董公司上班似的。

他和林董一共看了五個案子，最後看上一間位在汐止某科技園區三〇〇多坪的廠辦，屋主要賣三八〇〇萬，當下林董表現出很喜歡地點和格局，對於屋主提的價錢也覺得很合理，表示回去跟總經理討論後就會決定。齊昌越講越興奮，彷彿這個案子明天就可以成交。

聽到這麼大的案子，店長竟然完全不爲所動，語氣平淡地轉向雄哥說：

「雄嗚，這個案子你多關心齊昌的進展，如果需要再帶看，我們也一起去。」店長爲什麼會說出這番話，當下我眞是丈二金剛摸不著頭緒，這案子聽起來就只差成交一小步啦！店長平常都很容易興奮，今天怎麼這麼冷靜？還特別交代一手調教出來的大師兄雄哥注意這個案子。

也許是因爲店長的靜默，衆人被齊昌點燃的興奮之情也轉趨謹愼。

隔了兩天，林董這邊完全沒有消息，齊昌開始慌張了起來，怎麼跟兩天前的感覺完全不一樣了。他早上先打了一通電話，秘書說林董在開會。下午再打，秘書說林董要出國了。「完了！完了！」齊昌喃喃自語：「我帶他看廠辦的時候，沒跟我說他要出國呀！」沒想到下午四點多，一個自稱是林董特助的方先生，說林董出國前要他告訴齊昌，如果屋主願意二五〇〇萬割愛，就馬上成交。

「二五〇〇萬怎麼可能，林董不是說三八〇〇萬很合理。」齊昌已經亂了分寸，雄哥看在眼裡，拍了拍齊昌的肩膀，兩人一起走到會議室密談。

「你是不是告訴林董屋主的底價？」雄哥開口第一句話就讓齊昌十分尷尬，他先是用力的搖搖頭，接著像做錯事的小孩般又點了點頭。

「果然跟店長猜的一樣，你遇到高手了，他才能這麼快把你的心都收買了。」雄哥說完後緩緩地嘆了一口氣。接著拿出筆記本，翻到很前面的頁數，上頭寫了一段話——「不要直接用對方的態度判斷對方是好人還是壞人，而要從對方的態度去揣測他的動機。」

雄哥說這是他剛入行時，有一次談案子店長教他的話。接著他告訴齊昌：「從那次之後，我告訴自己，以後不會再被對方表面的態度影響判斷，更不可能在結案之前，和對方當朋友。」

在談判桌上沒有朋友

爲什麼需要談判？表示雙方對於溝通的事項有認知差異，誇張一點來形容，雙方正處於「交戰」狀態，換句話說雙方的利害是衝突的。在這種情況下，一旦把對方當朋友，就很容易感情用事，做出不利我方，甚至是傷害彼此的判斷。

但這樣的基本認知不但不容易建立，反而會因爲對方表現的誠懇、親切，就像林董這種會跟你分享心事，若是沒能守住自己的立場，很容易就會放鬆戒心而吞下糖衣，甚至有的人還會對對方掏心掏肺呢。

相反的，面對態度不友善的人我們通常都會警戒以對，這類人就不容易傷害到我們。總之，在談判桌上不跟對方作朋友，對彼此都好。

＊＊＊

你好奇嗎？齊昌到底有沒有賣掉這間辦公室？林董到底有沒有要買？有加價嗎？後續「心法09」（參見74頁）會告訴你答案。

與過分熱情的陌生人交涉，先笑裡藏刀

金光黨、詐騙集團永遠沒有絕跡的一天。資訊取得容易的現代，仍不時傳出被詐騙錢財的新聞，而且詐騙的手法日益精進，甚至也聽說過利用天真的幼童或可愛寵物取得信任的。台灣人普遍友善，很容易對笑盈盈、親切話家常、表現熱心的陌生人卸下心防，若再加上人情攻勢和一點誘因，很多人會一時心軟，或起了貪念，

於是就中計了。

聽起來防不勝防，但還是有些方法自保：

◆交淺不言深

難得遇到一見如故的陌生人時，就算感覺再好也不能沒有底線，千萬要提醒自己，避免聊得太高興而把私密個資都洩漏出去，這是保護自我的必要對策。

◆小心駛得萬年船

「天下沒有白吃的午餐」面對不熟悉的人事物要謹慎以對，持保留態度，如果自己不能辨識眞僞，就問問身邊親友的意見，可避免感情用事而做出錯誤判斷。

◆事緩則圓

如果對方讓你感覺不安，就不要急著下決定，沉澱一下、拖延一段時間，比較能做出對自己有利的判斷。

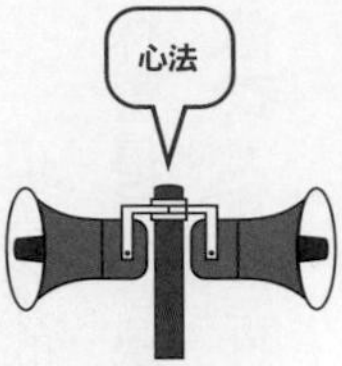

不要片面判斷對方是好人還是壞人，而要從對方的態度去揣測他的動機。

03 不要一聽到對方搬出法律條文就腳軟

「我要告你」，一般人聽到這句話就算認爲對方告不贏，心裡還是會不舒服吧！又或者，當你收到存證信函應該也會感到頭暈目眩，馬上聯想到得上法院而背脊發毛。

大多數人一聽到「數字」與「法律」都不免有仰之彌高的心情，也因此社會大眾普遍對「會計師」與「律師」特別尊重，這才讓一些人專門打著「法律」旗幟，虛張聲勢的傢伙有生存的空間。

談判實境

不要隨對手的情緒起舞，把焦點導回目標

梁文佶是屋主張小珍的先生，第一次碰面就非常的不友善，不但說話尖酸不留情面，也不正眼看人，我才遞上的名片，立刻就被他捏成了廢紙。

後來才從屋主那兒知道，房子其實是她先生付錢買的，只是爲了節稅才登

記在她名下，所以眞正有決定權的人是梁文佶。這個事實將我推入苦不堪言的職場黑洞足足四個月之久，這段期間梁文佶三句不離：「我認識很多律師，隨時可以告你。」我到很後來才知道，他原來是一家大企業的法務人員。

通常跟屋主議價會比跟買方調價難度更高，偏偏這個案子的詢問度頗高，我每個星期至少要跟梁先生回報兩次。用電話聯絡壓力還不會那麼大，但每次需要去他家時，壓力與挫折感都大到讓我有離職的衝動，因爲他總是把厚厚的《六法全書》放在我面前，動不動就拿民法法條壓我，不然就是恐嚇我可能違反刑法第幾條……

我終於承受不住跟店長請辭了，店長很清楚我的狀況，於是把我叫到會議室密談。

店長分享了他的業務經驗，告訴我他曾經遇過一位檢察官，當時也是被搞得幾乎離職，是因爲有個資深同仁鼓勵他說：「再厲害的檢察官，也不可能比你懂房地產，你才是專家。」才讓他撐到最後。後來房子順利交屋了，那位難搞的檢察官不但很高興，還跟店長說以後如果有人告他，就跟他說，他一定會幫他。

經過店長開釋，加上雄鳴學長教我一招——先在手心用原子筆寫下三個字「不理他」。每次去跟梁文信過招之前，我都在手心寫下這個符咒，就像吃了定心丸一樣，心情被影響的程度減少許多，雖然還是會被他挑釁的話語氣到，但總算是撐過來了。梁文信最後也接受了我的建議，把價格降到市場能接受的合理價格而成交了。

過程中我也發現到，梁文信實際上真的不是很懂房地產，所以才會老用「法律」來恐嚇人，但同樣的方法用多了，總會有麻痺的時候嘛！只要穩定自己的情緒，不跟著對方起舞，就能夠透視對方的弱點，把焦點拉回「專業」和「目標」。當你遇到類似的狀況，就告訴自己：「在我的地盤，我才是老大」。

降低衝突，才能提高成事的可能

不論是職場還是日常生活，只要與人往來就會產生協商的需要，當論及條件交換，就可能進入談判狀態，特別是發生利益衝突，而對方又是個蠻橫、霸道、硬幺無法訴諸理性的人時，更需要沉靜以對。

不動氣，轉換一下思維，才有機會找到導向「目標」的契機。記住「成功的談判取決於你對人性的掌握」。

鄰居爭吵、車禍處理，不用害怕大聲公

生活中不論是鄰居糾紛、小車禍……各種需要進行談判協商的場合，總是很容易遇到打著「法律」旗幟，企圖虛張聲勢來影響對手判斷，進而達到利己目的的人，對付這類人其實不難，你可以參考這三招：

◆充耳不聞或假癡不癲

不要在言詞或態度上挑釁對方，無事生波惹得對方情緒失控，反而會增加解決問題的時間與成本。只要不回應不理會，對方知道嚇唬不了你，就會認真面對，當雙方有了共識後，問題就有解了。

◆聲東擊西

透過提問的方式把話題扯開，看似順著對方的話題，其實越扯越遠，若能扯到對方得意或感興趣的話題上，不知不覺就能化解危機與尷尬。

◆以牙還牙

如果你很肯定是對方的錯，乾脆以牙還牙，要告一起告，「加倍奉還」以戰止戰也是個方法。

當然啦，興訟是最下策，非必要不爲之。懂得靈活運用這三招可以讓你不居於劣勢，甚至能幫助你化險爲安。

面對氣燄高張的對手，不要跟著起舞，降低衝突，才能提高成事的可能。

04

急著成交也千萬不能表現出來

不論面對的是屋主還是買方，在接觸的過程中我最想了解的，一定是對方賣房子的實際動機，以及爲什麼想買房子的眞正動機？以及爲什麼要買在這一區？

雖然賣房子的原因五花八門，但客户如果急著成交，通常價格會比較有彈性，相對的，如果買方很喜歡這個房子，在能力範圍許可內，加價的可能性也比較高。當然客户也了解這個道理，所以爲了讓自己不會居於劣勢，未必會把眞正的原因說出來，有時候甚至會裝腔作勢，這種時候就須仰賴經驗和試探功力了。

談判實境　嫌貨才是買貨人

不少房屋仲介從業人員年紀都很輕，出社會的時間不長，但只要認眞跑業務，多和屋主與買方互動溝通，短時間內所累積的大量挫折感會讓人快速成長，我自己就是這樣走過來的。

這次的案主是，五十開外，頭髮斑白，身材瘦而硬挺的謝長穎先生。當時適逢炎熱的八月，即便是週末他也很正式的穿著長袖襯衫配上西裝褲來看房子。在交換名片後才知道，他是一家公營行庫的副理，難怪說起話來威儀棣棣。這一天他是專程從台南上來台北看房子，但是是幫兒子前幾天看過的房子做最後的決定。

謝副理的兒子明憲與我年紀相近，因爲這個緣故聊起話來十分投機，在我的推薦下，他看中一間符合他的條件，就在我公司附近開價六百多萬的公寓。因爲公寓條件好，已有不少人看過，所以談完後的第三天，明憲就帶著太太再來看了一次，並請他父親當週的星期天北上幫他鑒定。

謝副理看過之後一直嫌房子太貴，不斷地說同樣的價錢在台南可以買到透天厝，如果屋主可以降個兩百萬，他就考慮。嫌貴是買方的標準動作，買方如果不嫌貴鐵定對物件不感興趣，但拿台南的房價和台北的相比就差太多了。

不過謝副理抱怨歸抱怨，房子畢竟是他兒子和媳婦要住的，兩個人一個在中山北路，一個在松江路上班，怎麼可能回台南買房子，但謝副理是購屋資金的贊助者，也絕對不能得罪。

一群人看完了房子再回到店裡看資料，謝副理仍然堅持己見，畢竟能在公營行庫當到副理一定不是個簡單的人物，平常打交道的也多是地方仕紳或老闆，何況我年紀比他兒子小，他自然是不把我放在眼裡，態度上便採取了軟硬兼施，希望我能鬆口用便宜一百五十萬的價格幫他談，但真的差太多了。

雖然謝副理是重要的贊助人，但真正的關鍵人物還是明憲夫妻。我從第一次帶看就知道他很喜歡這間房子，而且不出幾天就把老爸從南部請上來了，很明顯表示他真的很想買到這間房子，而且每次離開時他都會露出不捨的表情，這些我都看在眼裡。

在送客後，店長特別提醒我，謝副理殺價時明憲一臉擔心買不到，只是礙於父親的威嚴不敢出聲，但是謝副理特別從台南上來幫兒子看房子，那種疼愛之情也可想而知。在與店長交換意見後，我一邊鼓勵明憲去說服父親提個合理的價格，同時也努力幫他跟屋主議價，最後終於順利成交。

最棒的是，明憲及時說服父親，就在我收到斡旋金隔天，另有客戶出了更高的價錢，差一點就不能周全了。

隱藏渴望，表現淡定，才能為自己爭取談判空間

不管是買賣交易或各種形式的談判，越是急著結案或下決定的一方，一旦被對方察覺出內心的想法，經驗老道的談判者就會使出「最後期限」技巧，逼迫對方盡快決定。

越是急著決定的一方就越難談到自己的目標條件，這是談判桌上不變的定律。所以越是心急如焚希望趕快定案，就越要表現出可有可無的態度。千萬不要急著出招，而要一步一步的試探對方的底線，從對方的態度旁敲側擊，並且不斷地修正自己的策略，以逐步達成目標。

買車或其他高價商品時，這樣殺價更有利

買車或其他高單價商品時，其實有不少廠牌都有議價的空間。不過這些產品的資深銷售人員，也都有著一雙火眼金睛，很懂得從客戶說話的語速、語氣、穿著打

扮、走進來的樣子、看產品的態度等等，來判斷客戶是否急於購買。

譬如說汽車銷售員，經驗豐富者對於客戶愛買不買的嫌棄說詞，或是一副貨比三家不吃虧的威脅態度，早就習以爲常，不以爲忤。他們眞正關注的是你看車的神情，對車子投入的了解程度。想要爲自己談到好條件，你可以這樣做：

◆**保持要買不買的態度**

不要一直盯著產品或拿在手上，換句話說，當你看得越仔細越投入，對產品的了解非常多，就表示你對這款商品一往情深，如果接待你的銷售人員很擅長發動溫情攻勢，一不小心你就會心軟而簽下訂單。

◆**不要表現出過度熱中**

越挑剔表示看得越仔細也越想買，寧可出門前對想購買的產品多做功課，就可以減少對產品的詢問頻率。萬一沒時間事前準備，不妨一次多問幾個產品，混淆對方的判斷，對自己比較有利。

◆**寧可錯過不再回頭**

把產品搞清楚了再離開。離開了又再回頭，等於是明白告訴銷售人員可以採取強硬姿態讓你下決定。

價格談判就像是諜對諜，也像在互飆演技，沒有所謂必勝的招式。但如果過程中，你洩露出急於成交的態度，那就註定輸了。

當你表現出不捨或擔心買不到的表情，你就輸了。

05 不要怕要求對方給更好的條件

「出價」是談判桌上的一大學問！我身邊有很多朋友，遇到需要談判的時候總是顧慮很多，怕對方生氣、怕談判破裂、怕傷感情、怕東怕西……然後瞻前顧後再三猶豫，考慮之後提出的條件往往自己不滿意，對方也不滿意。

最後未必達成協議，卻一定搞得雙方都不滿意，輕則對自己嘔氣，重則談判破裂再也不往來。

所以，到底該如何開條件？條件要怎麼開才能恰到好處，不傷感情，自己也不吃虧呢？

談判實境 開出較高的條件才有讓步的空間

在九二年SARS剛過的期間，我陪一位朋友看了一間十四坪多，挑高三米六，開價三三〇萬的套房，其實這個房子的價錢已經滿合理了。但是買房子哪有不殺價的，只要帶看的房仲業務敢收斡旋金就拚拚看嘛！萬一仲介覺得這個價錢實在太低了，連斡旋金都不願意收，就再加嘛！

於是我建議想買房子的這位朋友出價三二〇萬，但朋友實在是很喜歡這間房子，很怕買不到所以十分猶豫。我跟朋友分析了前面那段話，先不用說在斡旋期間其他買方都不能再看房子，萬一三二〇萬眞的談不成，仲介也會優先希望你加價。

畢竟對仲介業務而言，十鳥在林不如一鳥在手，那些口口聲聲說要買的客戶，願意拿出訂金的才是眞買方，否則都不過是講講場面話而已。眼前已經有客戶付了斡旋金，當然是力拚讓這位買方加價才實在。

果然仲介表現出三三〇萬已經是非常便宜的價錢，而且屋主指示，除非先收到訂金，否則不要再找他談等云云。這招果然讓我的朋友心軟了，我只好當起壞人，不斷要求仲介先收斡旋金去談，最後仲介很勉強的收了三二〇萬的斡旋金。

不出所料，當晚仲介再打電話給我朋友，告訴他屋主很堅持，因爲收了他的斡旋金被屋主罵得狗血淋頭。幸好我再三耳提面命，「在談判桌上臉皮要厚，不要太在乎自己的感覺」，要他不管仲介說什麼，都請對方多費心努力，眞的三二〇萬談不下來，那他只好選擇另外一間……

隔天過中午不久朋友就回報說，三二〇萬成交了。他非常驚訝我怎麼會有把握三二〇萬就能買到？我不假思索地回他，我要是知道三二〇萬可以買到，就會出價三一〇萬了。因爲第一次提的條件並不是用來成交的，目的是在試探對方的底線。

反觀來看，除非我方出價三三〇萬，否則不管開出多少價錢，仲介一定都會拒絕，因爲仲介絕對會想方設法試探出我方的底線到底是多少。在價格談判上，敢開比較高的條件才有讓步的空間，若是企圖一次出價就買到或賣掉，就太不切實際了。

在你覺得不會太離譜的範圍內，大膽地要求吧！

不少人都會像故事中我的朋友那樣，因爲怕對方生氣、怕談判破裂、怕傷感情，而不敢要求對方做出比較大的讓步。各位一定要先有個觀念，不管你提出任何條件，對方基於保護自己的立場通常都不會直接答應。換句話說，不論你要求的條件如何，你一定都會碰釘子，既然如此就不需要顧忌太多，在你覺得不會太離譜的範圍內，大膽地要求吧！

遇事不必積極爭鬥，但要懂得自保

日常生活中，不論是買賣交易、意見相左、親情衝突、職場加薪升遷、損失求償……都免不了需要進行談判，只要上了談判桌，即使是親兄弟也要明算帳，這不是說要你凡事積極計較，而是希望你學會如何計較，才不至於明明自己吃了悶虧，對方還覺得被你占了便宜，雙方因而結下心結。

我有幸受邀到亞洲各地的華人社會授課，在與衆多學員們接觸、討論後，我明顯感受到華人或許是因爲儒家文化的薰陶，也可能是因爲缺乏自信，很多人都不好意思爲自己爭取權益，而陷入患得患失的糾結中，相當苦悶。事實上，只要勇於要求就一定有機會，最怕的是自己先放棄了。在此提出幾個建議對策：

◆以第三者的說法來試探

譬如說在求職面試談到薪水時，不論你的要求高或低，對方負責人一定都會皺眉頭。如果你怕被對方拒絕，擔心下不了台，你可以換個角度這麼說：「我聽一個曾經在貴公司任職的朋友告訴我，以我的能力與實務經驗，在貴公司可以得到×××待遇。」

用第三者的說法試探，萬一對方拒絕了，就可以用：「或許是我朋友記錯了？」來化解尷尬。

◆端出黑臉

拋出一個虛擬人物，譬如說你的父母、另一半，要求你必須提出×××條件，沒有達到這個條件就免談。在開出條件後，多留意對方細微的反應，觀察他是否嘴角上揚？手摸鼻子或耳朵？輕微的點頭……等等，以對方的動作來評估他對你所開的條件是否滿意。

◆豁出去

人總是因爲害怕失去而被羈絆，再多的技巧都不如一股豁出去的心態，一旦有了豁出去的心情，就比較敢開敢要，往往是大開大闔的人，才能爲自己爭取到最好的條件。

臉皮要厚，不要太在乎自己的感覺，敢開比較高的條件才有讓步的空間。

06 真正的敵人不會顯現敵人的姿態

這個世界，有好人就會有壞人的存在，所謂的壞人是指那些爲了謀求自己的利益，可以不擇手段傷害他人，卻一點也不心虛的人。

相由心生，小奸小惡之徒很容易就能從外表辨識，遇到這類人我們一定都會閃得遠遠的。但是遇上很懂得拉攏人心、贏得對方信任的高手，我們往往要到受傷了，才會發現他們的眞面目。

談判實境 謹記切膚之痛

柯教授有著一頭灰白髮，約莫五十五歲左右，身高大概有一七二，總是站的挺拔，而且面貌和藹可親，全身散發出學者的風範，就住在屋主姚太太的樓下。我第一次帶買方去看房子的時候在中庭遇到他，他很親切的跟我打招呼，並鼓勵我趁著年輕多吃點苦，累積夠多的經驗對往後的人生有絕對性的幫助。

很多人對房仲業務都會心存芥蒂，不要說親切的打招呼了，沒擺臉色就很偷笑了。幾次下來，跟柯教授聊開了才知，他原來是我念的國中的第一屆學長，當兵時也一樣是當憲兵，這些巧合讓我對他的好感度大增，完全沒了戒心，常常會跟他交換帶看姚太太房子的心情。

因為姚太太平常不住在這裡，加上屋況和交通便利，來看房子的人不少，當場表示喜歡會考慮買的也大有人在，只是後來這些人都紛紛打退堂鼓，這種情形對菜鳥業務來說很常見，所以我也就沒放在心上。

一直到有一天，我帶了一對四十多歲的教師夫妻來看房子，在送他們離去之後，被一位六十多歲的婦人攔住，同樣也問了我姚太太的房子賣得如何？

同社區鄰居會好奇房子銷售的狀況並不奇怪，可能是想了解當地房價的行情，也可能是打算自己買下來，所以我都避重就輕以免節外生枝。只是萬萬沒想到，老婦人說出了「晴天霹靂」的內幕，她告訴我：「我們社區的人都叫柯教授是老狐狸，他一直很想買姚太太的房子給他兒子，你們帶了那麼多人來看都賣不掉，應該是他在背後搞鬼。」

因爲我對柯教授的印象出奇的好，所以儘管婦人說得活靈活現，我仍半信半疑。回到店裡跟雄哥聊起了這件事，雄哥「喔」了一聲，接著又說了「難怪」，之後便回到位子上打電話。

過了十幾分鐘後，雄哥找我去會議室：「我剛剛打電話給前幾天看過姚太太房子的客戶，這個客戶非常喜歡，差點當場就付斡旋金了。但因爲她想讓她先生看過後才決定，所以沒有馬上給。沒想到隔天我打電話問她什麼時侯再來看，她卻說沒興趣了。」

「我剛剛再打了電話給她，問她是不是有跟一位五十多歲的先生接觸過，她才說其實隔天她就拉著先生去看了附近的環境，在中庭遇到了一位，應該就是我們所指的柯教授，這個男的告訴他們姚太太的房子不乾淨，她和先生因爲這樣就打消了念頭。」

「看來這位婦人沒有騙你，柯教授故意阻撓其他買方出價，等到委託期限到了，他就可以自己跟屋主談，有機會用很低的價錢買到姚太太的房子。」

這眞是痛苦的領悟。在知道眞相後，同事們紛紛聯繫先前帶看過的買方，釐清問題癥結後，姚太太的房子也在一星期後成交了。

真正的敵人不會顯現敵人的姿態

後來我才知道柯教授是心理系的教授，對人性有相當的了解，很擅長使用「幻想性錯覺」與「主觀確認」，在極短的時間內快速與陌生人建立關係，甚至讓對方產生一見如故的感覺，而自動跟他分享心事，進而達到他的目的。

這次的切膚之痛，養成了我日後在遇到非親非故卻熱情的想幫忙，而且對他個人沒有半點好處的人，我都會先想想自己何德何能會有這種好運。

日久不一定生情，但日久才能見人心，雖然說害人之心不可有，但防人之心亦不可無啊！

面對全新的人際關係，要先採取守勢

在競爭激烈的職場，不免會遇上像柯教授這樣的人，特別是剛進入某家公司，對公司的狀況不熟悉時，通常對於會主動示好，親切的與我們互動，而且會告訴我們公司「秘密」的同事，我們總是很容易就與對方交心，而且不知不覺地就會把很多心底的話說了出來。

有些人會在取得你的信任之後，就把自己的喜好與厭惡全都灌輸給你，企圖讓你跟他站在同一陣線。還的人會試探你的好惡，當你欣賞某人時，他也跟你一樣欣賞對方，如果你討厭誰，他也會當著你的面批評那人。

這就如同《戰國策》所說的「同欲者相憎，同憂者相親」。因為討厭同一個人，就會不自覺的說了很多那人的壞話，而這個看起來彷彿是好朋友的人，就再把你說過的話轉述給你們共同討厭的人聽，以贏得對方的信任。你以為對方是知己，卻不知道自己被出賣了。

加入新環境，期待建立和諧的人際關係，並且希望避免受傷，你可以採取以下對策：

◆同一個職場裡，同事間有著競合的關係，就算是再好的同事也不宜交流有關薪資福利等敏感個資，以免心生比較而影響交情。

◆面對越是喜歡炫耀自己熱心公益、樂善好施的人，越要與他保持距離，在觀察一段時間，眞正了解其人表裡如一後，再與之交心。

◆遇到不熟卻刻意示好示弱的人，如果你很在意對方，最好先請教你所信任而

且也認識他的第三者的意見。

面對複雜多變的職場人際關係，多一分謹慎，就會多一分和諧。

面對非親非故表現熱情幫忙，而且口口聲聲說對自己沒好處的人，請先想想自己何德何能交此好運？防人之心絕不可少啊！

07

你其實是在跟自己談判

每個人多多少少都會帶著不同的有色眼鏡看待周邊的人事物，而這副有色眼鏡就包括了個人好惡、當下情緒、過往經驗、片段印象……簡單的說，就是與生俱來的成見與主觀。

譬如說，通常我們看到打扮得西裝筆挺和休閒隨興的兩個人時，心裡馬上會浮現不同的評價：開雙B轎車和騎摩托車的、中階以上主管和外務員、專業人士和勞工階級……在你的心底浮現的各種印象就是成見。

在談判桌上這種成見將會誤導我們錯誤認知對方，說穿了就是，你所以爲的對方其實是你內心的投射。我們經常會因爲主觀成見而失去客觀的判斷力，甚至因此而錯失良機。

不要以貌取人，土直的大老粗可能就是你的貴人

累積了不少與各式各樣的客戶交手的經驗後，我才明白，「奧客」其實反應的是自己的心態，是自己能力不足造成的。

房屋仲介的新人來來去去，承受不住的人大概三個月就會離職，能夠待超過一年的，大概都已適應壓力與作業模式。話說清一色男性的魔法一店，很罕見的來了一位讓大家精神振奮的漂亮妹妹婷翡，她有著一六八公分的高䠷身材，跟人氣歌手孟庭葦有七八分像。根據紀錄，像這樣外表亮麗的女生能熬過兩個月就夠厲害了，婷翡卻不知不覺間已邁入第五個月。

在一個炎熱的星期天，大家都帶客戶去看屋，我因為被客戶放鴿子，只好在店裡聯絡其他客戶，突然看到婷翡氣急敗壞地走進店裡，身為學長當然要去關心一下。原來她剛剛帶看了一位電話自來客（註：看到廣告打電話來約看的客戶），客戶是一位穿著背心、短褲、脫鞋，說話喜歡帶一字國罵的男性，偏偏婷翡對這種人最感冒，帶看的結果當然很不順利，對方不但不喜歡她介紹的房子，直白的說話方式更讓婷翡感覺委屈。

其實，我自己剛出社會時，也都會「以貌取人」，誰不喜歡帶看開著雙B、講話很有修養、做人有禮貌的客戶，但是經驗多了才發現，謙和有禮的人往往不會說眞心話，因爲他們很懂得控制情緒，更懂得控制自己的嘴巴，反而讓人摸不透。

反觀婷翡帶看的這位客戶，儘管一副大老粗，卻是性情中人，有話直說，喜歡不喜歡都明白表現出來，不會虛與委蛇的說考慮。但我們常常會以對方給人的第一印象來作判斷，到頭來我們其實只是跟自己眼中的客戶談判而已。

在此先賣個關子，留待「心法27」（參見187頁）再爲大家揭曉，婷翡究竟如何誤判和學到教訓。

成見會讓你看不到真相，失去良機

以貌取人是人的天性，也因此美女帥哥總是占多一點先天優勢。雖然看一個人的面貌多少可以猜出幾分性情，但在談判桌上絕對不能這麼簡單區分「好人」與「壞人」，並以此爲基準區分「好溝通」與「難溝通」。這是因爲，好人不等於好溝通，看起來好溝通，經驗上卻常讓人徒勞無功，反而是那些看起來「難溝通」的壞人，反而因爲性情來了，感覺對了，就一拍即合。

談判不是「選美比賽」更不是「好人好事選拔」，我們觀察對方的外表，目的是要找出有效溝通的方法，而不是片面的判斷難易，甚至作出讓自己汗顏的言行。

解決事故爭議，先處理情緒，再處理事

馬路上經常會看到兩部車爲了一點小擦撞而演出全武行，主要原因都是其中一方企圖先聲奪人，而另一方也不甘示弱，情況嚴重時還會搞得警察得重裝上場。

遇到這樣的談判場景，要如何處理才能圓滿收場呢？

◆不要急著反擊

通常心虛理虧的人才會急著虛張聲勢，如果你也跟著起舞，火氣上揚，就正好給了對方跟你鬥下去的興致，不僅不能解決紛爭，甚至會讓事情變得更棘手。

◆四兩撥千金

硬碰硬、以牙還牙是最不得已的談判手段。當對方態度強硬時，你反而要表現得雲淡風輕，不論是誰錯在先，都可運用四兩撥千斤的方法，先讓對方願意聽你說，才有講和的機會。

◆換個立場思考

試著站在對方的立場想想看，你會願意接受什麼樣的條件？會擔心什麼樣的事？越理解對方可能會有的想法就越容易掌控局勢。

千萬不要用先入爲主、以貌取人的方式來判斷對方，才不會掉入跟自己談判的窘境。

避免落入跟自己談判的窘境。

08 面對越完美的表象，內心的疑問要越多

大自然的法則告訴我們，顏色越鮮豔的蛇往往擁有最致命的毒，而越美麗的蘑菇也有著讓人斃命的成分。在談判桌上也有類似的現象，越是謙虛說好話的人，往往城府越深，越讓人探不到底。

談判實境

金玉其外，敗絮其中

賴先生是某建設公司的董事長，那天我剛好值晚班，他來了電話，打算委託我們幫他出售別墅。他的別墅所屬社區在台北小有名氣，低密度開發而且管理嚴格，吸引不少企業家和明星進駐。

談話的隔天我便循著地址找來，「賴董」穿著獵裝外套和牛仔褲開門迎接我。聽他說已有五十歲了，但看起來像四十，保養得相當好，長得有點像藝人趙樹海，說起話來和和氣氣，很謙虛地要我別稱呼他賴董，因我年紀比他小，可以兄長相稱。一進到屋裡我就被巴洛克風格的裝潢震攝住，富麗堂皇的大廳擺放了不少藝術品、獎盃、家人合照、各慈善機構的感謝狀，以及和知名宗教團體創辦人的合影等，任誰看了都會覺得賴大哥的財力相當雄厚。

對於當時年少的我來說，還真覺得自己遇到貴人了。不過賴大哥開出的賣價比市場行情高出許多，而且他不斷重述他並不缺錢，希望遇到有緣喜歡的人再來談。

店裡的同事們陸續帶了幾組客戶來看，不少客戶表示喜歡，但價格落差太大。經過一個月後，賴大哥還是非常堅持不肯降價，而且態度上顯得有些不耐煩，甚至會氣急敗壞地說：「你到底會不會賣房子？」那次之後，我再也不敢跟他稱兄道弟，而老老實實地稱他賴董事長。

隨著帶看的買方越來越少後，賴董更積極地與我聯絡，一星期至少打兩通電話問我進展？店長也很關心這個案子的發展，雖然偏離市場行情，但房子的賣相好，如果能順利成交，店裡的業績應該能攀上區域第一名。

店長聽了我的報告，問我多久沒去看物件了，我回答大約兩週，他便要求我盡快找時間走一趟。沒想到當天傍晚同事轉來了一通找我的電話，對方是賴董別墅社區的主任委員，對方問我有沒有賴董的其他連絡方式，我老實的回答，都是賴董主動連絡而且沒留下其他電話號碼。

主委告訴我，賴董已經積欠三個月的管理費沒繳，而且家門口堆了許多物品都沒處理。這個消息太震撼了，我立刻騎上機車飛奔到賴董的別墅，果然我當時看到的藝術品和許多獎盃，都變成了垃圾堆在門口。「這到底是怎麼回事？」我腦海裡浮現了大大的問號。

隔天店長考慮到不讓公司惹上交易糾紛，並且保障買方的情況下，指示全體同仁，除非跟賴董弄清楚狀況，確定他的財務問題不會造成買方風險，否則暫時不推薦賴董的別墅。說也奇怪，賴董竟也從此人間蒸發，好幾個月都沒有他的消息。

隔了很長的一段時間之後，因為接了同一社區的另一棟別墅的委託案，我才聽對方說，原來賴董的建設公司不但還不出銀行貸款，還跟地下錢莊借了一千萬。難怪他會開出那麼高的價格，想來是打算拿來還債，只是沒想到房子沒賣掉，自己卻先跑路了。

回想起簽委託那天，賴董義氣風發的模樣，實在很難想像他當時已經走投無路了。這個事件也讓我深刻領悟《孫子兵法》第一篇所講的「兵者，詭道也」。兵不厭詐，唯有自己心裡多一分警覺性，才能降低被騙的機會。當你以為遇到超級完美的好運時，請多多發出疑問，不要輕易就被表象迷惑了。

利用完美的表象軟化對方贏得認同

課堂上我都這麼形容談判：「各懷鬼胎的兩個人，一起奔向終點的過程。」有時候談判既像拔河又像兩人三腳，雖然大家都把「雙贏」講成共同的目標，但就談判的本質來論，雙方的利益絕對是衝突的。

譬如說，屋主與仲介公司的共同目標都是成交，但屋主總希望成交價能高一點，仲介卻希望屋主的底價能越低越好。只不過彼此爲了達成目標，會各自調整條件，最後在可接受的範圍內，取得共識，然後完成交易。對照最初的高條件，也可以說是雙輸。

在談判桌上雙方一定會竭盡所能的將個人的利益極大化，其中手段高明的人，就有機會取得更接近自己條件的結果。想要勝券在握「絕對成交」，就要懂得利用完美的表象軟化對方贏得認同。

相親、開發客戶，得宜的穿著能為你贏來信任

「信任」是談判桌上能夠達成協議的重要關鍵，但信任的依據卻很抽象，甚至是自由心證的。可以確定的是，信任有很大部分是取決於對方的外表，所以要如何快速贏得對方的好感與信任呢？

◆穿著「得宜」（參見下頁圖示）

大家普遍都喜歡溫文儒雅，說話不疾不徐的人。如果對方身上配戴有知名且形象良好的社團識別證，比方說獅子會、扶輪社或某些宗教團體等，或是無意間露出他的捐款收據，都很容易讓人聯想到「有錢人」「好人」「善人」……這些都是人性的盲點。

◆不要急著談自己的利益

先請對方表達自己的想法，並表示你會盡可能地滿足他的需求。人多半是利己而非利他，遇到願意成全自己的人很容易心生好感，有了好感，要達成共識就容易多了。

◆懂得傾聽

有些人喜歡滔滔不絕，有些人喜歡當聽眾，只要投其所好滿足對方的需要，就很容易建立好感和信任度。

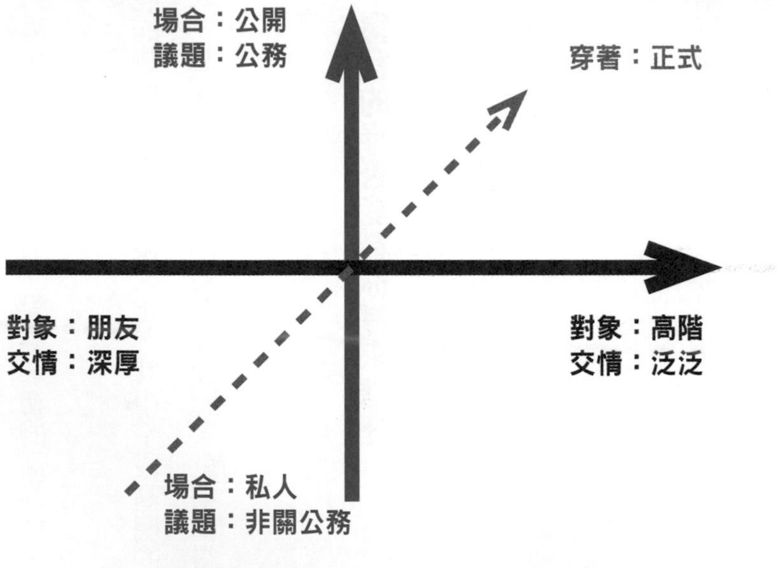

越靠近右上象限，穿著就得越得體。第一次見面、談公事、掃街拜訪等，得宜的穿著較容易讓人願意與你進一步談談。

◆誠懇以對

我所認同的談判，並非爾虞我詐的技巧，而且我相信玩弄權謀的人，最後還是會毀在權謀。進行談判時，好話多說，多多傳達普世價值，絕對比威嚇和脅迫更容易與對方達成協議。

穿著得宜，盡量說好話，容易讓對方心生好感。

第二章

為自己建立談判優勢

09 學會靈活變通，就有機會起死回生

人外有人，天外有天，一山還比一山高。在談判桌上沒有永恆不敗的策略，所以每當有人問我，談判最重要的一招是什麼？我的答案都是「變」。

什麼是變？見人說人話，兵無常勢，水無常形，說的都是變。事實上，變就是放下心中的固執，願意配合人、事、時、地、物的變化來調整，時而低調內斂，時而咄咄逼人。進行談判最不可少的，就是隨情勢修正，靈活變通。

談判實境

無巧不成書！做足功課，就有機會讓子彈轉彎

各位可還記得前一章心法02留下的疑雲？想知道雄哥如何幫齊昌化解難題，反敗為勝嗎？

雄哥二專畢業後，入伍當了四年半的工兵預官，這個單位的阿兵哥龍蛇混

雜、三教九流齊聚，雖然雄哥只比我們大了三歲，但這四年的兵役生活，讓他在個性與思想上都比我們成熟許多。加上人又長得英挺，說話有條理、氣勢十足，只要有他加持協助，幾乎沒有談不成的案子，所以全店同事都佩服不已。

天下沒有白吃的午餐。對於齊昌過於天眞，把底價透漏給林董這件事，雄哥研判形勢後決定將計就計，讓林董繼續以爲占上風，一邊要齊昌持續連絡林董現身。如果只能透過沒有決定權的林董特助傳話，就沒有逆轉勝的機會，所以先用哀兵政策引出主角。另一方面，雄哥也透過其他管道得知林董的背景，了解到林董跟齊昌說的人生經驗並非謊言，只不過他談生意的手法一向以快狠準出名。於是店長與雄哥合力規畫了後續的談判步驟。

兩天後，雄哥陪齊昌一起到林董位在新莊的辦公室，老舊的大樓，周邊盡是一些小工廠，也難怪林董會喜歡汐止科技園區新穎又專業的辦公室。雄哥一邊觀察，一邊在心裡計算著，認定林董購買的意願確實很高。

秘書很客氣的將他們帶到會議室等待林董，約莫十分鐘後，林董若無其事的現身了，彷彿不曾出過二五〇〇萬超低行情，更沒有讓齊昌情緒崩潰似的，跟齊昌閒話家常了幾句，雄哥看在眼裡不禁佩服「這才是眞正的高手」。

齊昌知道自己不是對手，便介紹了雄哥讓他直接與林董過招。雄哥不急著馬上切入主題，而是先引述齊昌的話，說齊昌十分佩服林董，希望自己也能效法林董不屈不撓、處處爲員工著想的精神。這些恭維的話似乎讓大砍價的林董感到有些尷尬，看來林董的確是個善良的人，只不過是談生意時會玩一些手段罷了。

林董的爲人果然如店長和雄哥所料，宜軟不宜硬，而且對方已經知道底價，我方相對處於不利的形勢下，硬碰硬絕對必敗無疑。

趁著林董感到心虛，雄哥接著話鋒一轉：「齊昌因爲信任林董才把底價告訴您，林董也才會開出偏離行情的價格，但林董您其實很清楚這個價錢根本不可能買到吧。店長當天就把齊昌罵了一頓，是因爲齊昌不只傷害了屋主對仲介的信任，也可能會讓林董買不到您最中意的辦公室，造成雙輸。」

雄哥這一段突如其來的搶白，讓店長巧妙的扮了黑臉，同時把齊昌營造成被林董戲弄的可憐人，卻不直接戳破林董的詭計。點到即止讓對方保留面子，是銷售人員指出客戶錯誤最高段的方法，畢竟客戶才是衣食父母。

林董也不是省油的燈，雖然暫時讓雄哥占了上風，但接著林董馬上恢復鬥志。一會兒談股市泡沫造成房價崩跌，一會兒又談到最近成交的幾個廠辦單價都創新低，然後又談及屋主如果現在不賣，未來房價更低損失會更大……等，顯然林董也做過功課，對於相關案例如數家珍。

雄哥面對林董一連串的攻勢，仍一付胸有成竹的模樣，以實問虛答和微笑來回應，既沒有強烈的反駁也不打算解釋。一旁搭不上話的齊昌，眼見著林董如此咄咄逼人，而且完全不知雄哥葫蘆裡到底賣什麼藥，心裡急得一直搓手，十二月的冷天卻流了一身汗，露出一副絕望的表情。

兩方高手一來一往過招超過半小時，仍不見任何一方有讓步的跡象，這時候雄哥說了一段跟這次案子無關的話：「我有一位客戶儲先生告誡過我，『做人過於精明計較會讓人陷入煩憂。難得糊塗，才可以減少煩惱。』我想我今天又太精明太計較了，才讓我們雙雙陷入煩惱中。」

雄哥一邊說一邊觀察林董的反應，這時林董彷彿洩了氣的公雞，嘆了一口氣說：「齊昌你跟屋主說三三五〇萬，能賣就用這個價錢成交，不能賣就當沒緣分吧！」接著回頭對雄哥說：「這位陳先生，等一下我們可以聊聊你跟儲先生怎麼認識的嗎？」

＊＊＊

儲先生原來是林董的主治醫生，他不但醫好林董的身體，也提醒他做人不要太精明。雄哥那句話就是儲先生當時跟林董說的。雄哥是在蒐集林董的資料時，無意間得到了這個訊息，天下就是有這麼巧的事，剛好有家人也正接受儲醫生的救治。

沒有永恆不敗的談判策略，但要懂得變

《孫子兵法》虛實篇寫著：「夫兵形象水，水之行，避實而趨下，避實而擊虛，故兵無常勢，水無常形。」

用談判的語言來解釋，就是在談判桌上要讓自己像水一樣沒有固定的形狀，不要固執於既定的策略或方法，而要根據不同的對象、形勢、目的，隨時隨地調整，才能發揮自己的優勢去打擊對手的弱點。

雖然每個人都會說，天底下唯一不變的就是變，但要做到在談判桌上隨機應變卻不是件簡單的事。不但要融會貫通各種談判技巧，還要能夠精準的判斷，順著情勢研判出下一步該怎麼走，經驗不足的人並不容易做到。不過，仍可以透過事前做足功課，多準備幾個腹案，好讓自己在情勢改變時，能從容自在的回應。

合約協議、徵才、商務簡報，可以這樣做

遇到沉默寡言、不夠坦率的人，或是參加商務競標做簡報時，不清楚對方的需求下，怎樣進行交涉好呢？下面有幾個案例可供作參考：

◆準備兩三個腹案

有個朋友是旅行社的導遊，經常需要接團做業績，因爲不少企業的承辦人在電話裡講的需求，和實際討論後提出的需要都有很大的差異，爲了避免浪費彼此的時間，他都會準備三個以上的方案，事先找好適合的備案，不僅展現了高效率與專業度，也會提高對方想與你合作的機率。

◆摸透對方個性再出招

另一位朋友是證券公司的協理，她的主要工作之一是獵人頭，在同業間挖掘人才，邀對方到自己公司上班，所以幾乎天天與人進行交涉。她最厲害的地方是，不依賴「利誘」。在聊天中就能摸清對方的個性，然後動之以情或曉以大義，最後才提到利益，所以常常不用付出高額成本就能拉攏優秀人才投靠，所領導的團隊業績也總是獨占鰲頭。

◆隨機應變見招拆招

有一百分的充足準備，也要有一百分的臨場反應。平常多練習以不同的角度思考，用不同的高度看事情，不只學習專業知識更要多方涉獵，當遇到變化時才能迅速舉一反三。

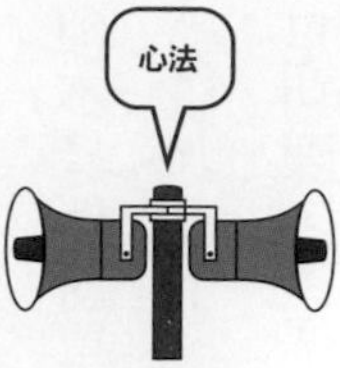

事前做足功課，多準備幾個腹案，才能見招拆招。

10 不要小看對手，但也不要自己嚇自己

《孫子兵法》九變篇記載：「是故智者之慮，必雜於利害，雜於利而務可信也；雜於害而患可解也。」談判高手在思考問題時，一定會把有利與不利的因素放在一起衡量，同時考慮不利和有利的條件可使談判順利的進行，即使過程中遇到了阻礙，也能很快地找到解決方法。

記住，自己才是最大的敵人。

談判桌上最常用的兩手策略就是，挑釁輕敵。雖然說驕兵必敗，但如果對方是有計謀的出招，而你的確被對方嚇得失去自信，並且露出破綻那就註定失敗了。至於該如何拿捏輕重，就各憑巧妙了。

電影《阿甘正傳》的名言：「人生有如一盒巧克力，你永遠不知道將會嚐到哪種口味。」的確，我們也永遠不會知道，下一個客人會有著怎麼樣的性格。

某個燠熱夏日的週三午後，一場突如其來的大雷雨，就像是在熱鍋上澆淋冷水般，瞬間讓滾燙的柏油路面熱氣蒸騰，連帶店裡也悶得慌，電話線彷彿燒斷了，居然沒半點聲響，眼看著店長就要噴發火氣，大夥爲了避免被追著詢問議價進度，紛紛找理由拜訪客戶去，只留下最菜的學弟秉熙留守。

週三下午，通常電話不多，這種熱天更不可能有自來客，但事情總有萬一，我才出門不久，秘書學姊就來電說秉熙要帶客戶去看房子，要我忙完了回店裡接電話。我回到店裡約一個多小時後，看見秉熙一臉沮喪地走進來，老早收到線報的店長，隨即把我和秉熙一起叫進會議室。

戴著黑框眼鏡，臉上總是掛著耿直笑容的店長，不僅曾經拿下全公司銷售總冠軍，也很懂得帶人，我進公司兩年不曾看過他發脾氣，唯一就怕他碎碎念，所以一起被叫進去，心上還眞是忐忑。

「秉熙，我已經聽說你在二店被客戶『洗臉』的事了，但我想聽聽你的說法。」店長總是能夠先把自己的情緒擺一邊，傾聽當事人的說法後再做判斷。店長說完後，便以握緊雙拳撐住下巴的姿勢看著秉熙。

秉熙的表情就像是拳擊賽中，被對手重擊要害那樣，既痛苦又恐懼，跟平常笑嘻嘻的模樣判若兩人，而且說出了我曾經說過的話：「店長，我想我不適合這份工作。」店長像是早已知道他會提辭職般，完全不動聲色，仍維持頂著下巴的姿勢，然後淡淡地說：「辭職這件事可以等一下再談，但我現在想聽你把事情的經過說清楚，我才知道應該如何協助你。」

於是秉熙便把帶這位四十歲的游習文先生看房子的過程描述一遍。游先生看了三間房子之後，很喜歡碧湖公園旁邊一間五十六坪，開價一五六八萬，面湖的電梯華廈。秉熙隨即帶他前往就近的友店了解房子的書面資料。一到友店游先生即表示自己是同業的副總，從事房地產超過十年，非常熟悉業界的秘辛，但這次是要自住並非投資，所以不會有很快轉賣的問題，要秉熙直接跟他說底價。

秉熙很客氣回覆屋主並沒有給底價，游先生便當場發飆，問起友店是哪位業務負責這個案子，承辦的業務自然也說屋主沒給底價。游習文認爲眼前這兩位後進一點都不給面子，於是惱羞成怒地開罵，說他賣房子的時候，內湖的房價才十萬不到，更指名道姓地說公司某副總是他的徒弟，態度十分囂張，最後出價一三〇〇萬就走人。

秉熙交代完整個過程後，店長看著我說：「雄鳴手上兩三個案子同時在談忙不過來，這種事你有經驗，就由你跟進，協助秉熙做好心理建設，也支援他把案子談下來。」說完就拍拍我和秉熙的肩膀，走出會議室。

秉熙自然不解店長話裡的玄機，我帶他一起回到坐位上，翻出去年的回報登記表的某一頁，秉熙一看到報表上的姓名就說，「這不是某某部門的副理嗎？」我告訴他，這人是很資深的店長轉任後勤，當時他要賣房子，店長指派我接手，情況就跟這次的案子雷同。

看著秉熙同情的眼神我接著說：「這個案子接手半個月，我就跟店長嚷著要離職，眞的太難搞了。後來店長輔導我，對我說這個副理已經離開業務單位好一陣子了，又提醒我不要小看自己的專業，更不要被對方的影子嚇到。最後這個案子委託到期，而副理也決定出租不賣。在那煎熬的三個月裡，儘管苦不堪言卻也學到很多。現在回頭想想，當時如果再讓我續約一個月，我一定能賣掉房子。」

「秉熙，你一定要對自己有信心，不論對方有多麼豐富的交易經驗，或是名利頭銜有多麼嚇人，也就是人而已。相反的，當你累積夠多的人生閱歷時，一定不要藐視對手，並且要懂得尊敬你的對手。」

經過店長和我的心理輔導，秉熙暫時打消了離職的念頭，而且也順利談下這個案子。經過這次經驗，一向認真肯拚的秉熙對自己更有信心了，懂得記取教訓的優點，讓他後來越做越出色，還一路當上店長呢。

包容對方的優缺點，自信而不自大

《莊子》達生篇說：「望之似木雞矣，其德全矣」意思是，一隻訓練有素的鬥雞，在面對其他鬥雞的叫囂、挑釁時，能氣定神閒，不動如山，就像是一隻木頭雕刻的雞。

曾經逛過遊樂區嚇人鬼屋的人，應該都有過，不是被鬼嚇到而是被自己或其他人嚇到的經驗吧。正所謂「人嚇人，嚇死人」，談判也一樣，總是會有人被對方的影子嚇到，切記「影子的長短，不等於對方的高度」。

既然每個人都有優缺點，我們何不把注意力同時放在對方的優點與弱點，自信而不自大，才能讓自己在談判桌上悠然自得、進退有常。

夫妻、親人或同事間的爭吵，要克制自大

得理不饒人，小心踢到鐵板。前不久我目睹了一場停車糾紛；一部VOLVO擋到一部小貨車，穿著背心、身材壯碩的貨車司機猛按喇叭，不一會兒個子嬌小、穿著運動鞋的女生，連聲道歉地跑了過來。司機的態度十分凶悍，一出口就是不堪入耳的三字經，沒想到女駕駛馬上高八度反擊，瞬間從一朵美麗的小花變成漫畫裡的恐怖食人花，貨車司機反而被驚嚇得說不出話來，女司機這才悻悻然的把車開走。

很多糾紛的起因，都是因爲自以爲有理就咄咄逼人，造成對方沉不住氣反擊。

尤其是夫妻、親人間更容易因爲一時的情緒，引發激烈的爭吵，實際上只要多一點包容，都能化解不必要的爭端。遇到類似的狀況，你應該這樣解決：

◆每次進行談判心態都要歸零

在不知道對方爲什麼生氣的情況下，千萬不要硬碰硬，試著用客觀的態度探底，找出對方憤怒的原因。就算你很懂對方，也要將心態歸零，決不要說出「你就是這樣」「你以前都這樣」這只會讓對方更火大，無益於解決問題。

◆影子越大，弱點與包袱也越多

上天從來不會完全偏袒一個人，也不會完全虧待一個人，優勢與劣勢是一體兩面，多往不同的角度思考，就能在對方的優勢上找到更多的弱點。對方如果是你所重視的親人或同事，爲了人際的和諧，多看他的弱點將能避免爭議。

輕敵永遠是談判桌上的死神預告書。

11

把對方視為夥伴，而非敵人

我在課堂上常用「兩人三腳」來形容談判者之間的關係；會需要談判是因爲雙方對彼此都有要求，如果是單一方就能決定那就不用談判了。

所以談判應該視爲合作關係而非互相對立，這樣才能爲雙方帶來最大的利益，特別是商務談判與生活談判。很多人受到電影或小說的影響，誤以爲把對方擊倒就能爲自己爭取最大利益，事實上這種操作法只會讓彼此陷入痛苦，最後搞得兩敗俱傷，非常不划算。

談判實境

雙方實力落差很大時，新鮮菜鳥並不一定會輸

我公司的企業文化非常講求學長學弟的經驗傳承，而且希望學弟妹遇到困難時，都能獲得學長姊的協助，不過原則上還是由學弟妹自己承擔，學長姊只

從旁支援並不出面。在菜鳥新人的時代，若是養成遇到困難就求助，或是只挑好案子做，不敢面對挑戰與挫折的話，很快就會停滯，不但業務能力衰退，心態上也會變得消極，要不了多久就會離職，白白浪費了人才培訓成本。

所以，儘管店長交代我協助秉熙，實際上還是得由他自己去面對，只有靠自己的力量跨出陰影和恐懼才能打勝仗。更何況游習文出的價錢並不離譜，表示他的購買意願很高，而且對附近的成交行情有概念，這樣的買方只要耐心地去談，成交的機率相當高。

根據紀錄不論是銷售還是談判，當雙方實力落差很大時，通常經驗不足的一方比較吃虧，但如果是幾乎沒經驗的社會新鮮人就不一定了。因爲初出茅廬的嫩菜鳥給人的感覺往往是質樸、可靠、不會撒謊，甚至是懦弱……只要不刻意欺騙，很容易贏取對方的信任與好感。

在店長和我的支持下，秉熙鼓起勇氣再約游先生，果然不出所料他答應赴約，這表示他眞的想買，爲了減少秉熙的不安，見面地點就選在魔法一店裡。那年的夏天相當炎熱，下午一點半游先生走進店裡時已滿頭大汗，嘴裡叨唸著停車位難找，幹嘛不約方便一點的地方？大概是把車子停在離我店較遠的地方，頂著太陽走過來吧。

秉熙已經做好心理準備笑嘻嘻地打招呼，不過游先生似乎不吃這一套，直接就講：「一三〇〇萬，多一塊都免談。」我坐在自己的位子上觀察，聽到他這麼說心裡笑了一笑，通常越心虛的人越急著表態，尤其表現得越強勢，反而容易被人看穿。

遇到這種狀況，最好的方法就是不要直接回應，更何況一切都在意料之中。秉熙的新人特質恰好適用這個方法，因爲新人往往都是本能的反應，表情、語調都比較不經矯飾，像游習文這種老江湖反而不會防備他。

果然雙方周旋了十五分鐘之後，游先生雖然口頭上還是不讓步，但語氣已緩和不少，而秉熙則完全避免跟他討論價錢，只不斷的繞著兩件事：「我們是夥伴不是敵人，所以應該攜手合作、彼此信任」「您是這行的前輩，我非常尊重您」。遇到經驗比我們豐富的客戶，攻心為上才是上策。

經過一個多小時的纏鬥，我光是拿冰開水給客戶就超過三杯了，看得出來游先生也累了。反倒是秉熙有種越戰越勇的氣勢，可能是發現到游先生並不如自己想像中的難搞，擺脫了心裡的陰影，不但恢復原有的水準，甚至更加的揮灑自如。

時間來到了兩點五十七分，游先生提出一四〇〇萬絕不再加價的條件，並開了三十萬的支票作爲斡旋金。三天後屋主同意以一四二〇萬成交，簽約那天游先生還笑咪咪的送了秉熙一瓶軒尼詩呢。

對方是你的搭檔，不是你的敵人

日常生活中處處都有可能需要與人溝通和談判的時候，由於交涉的對象是人，如果心態上不喜歡對方，很容易會表現在態度上，當對方感受到我方的不友善，一般都會採取以牙還牙的方式反擊，導致談判的過程中火藥味十足，所以當情況變得緊張、衝突時，就要想辦法修補人際關係。

如同案例中秉熙雖然怕游習文，但還是不斷釋出善意並且提醒對方「彼此互爲合作夥伴」，最後對方被他說服，情勢也就導向正面結果了。

居家停車爭議，要以和為貴

經常聽聞鄰居間因爲路霸問題而發生爭執，甚至大打出手，有些人甚至會舉發交通違規，讓拖吊車把鄰居的車拖走，弄得彼此水火不容，造成最不好的雙輸局面。遇到這種問題，最好採取以下作法：

◆盡可能的與人合作而不翻臉

一般人都知道合作比翻臉容易達成共識，但很多時候就是嚥不下心中那口氣，而把事情搞得不可收拾。談判的過程裡，其實也是在比較雙方的情緒管理。

◆不要怕說廢話

通常人都會有個迷思，覺得談判比的是專業，所以用詞遣字都力求精準，甚至一針見血。但是如果過度講求專業，太理性時就會斤斤計較，而讓彼此陷入拉鋸戰或是僵局不下。有時候顧左右而言他的胡扯來拉近關係，反而更能加速達成共識。

◆不要怕說廢話被吐槽

但有些人天生嚴謹，理性多於感性，一開始勉強自己胡扯來拉近關係，難免會被白眼，但一回生二回熟，只要投對方所好、聊對方關心的話題，再怎麼強硬的人也是有感情的血肉之軀，終究會被你的誠意所打動。

遇到經驗比我們豐富的客戶，攻心為上才是上策。

12 臉皮要厚，才不會成為永遠的輸家

大家應該都聽過越王句踐跟吳王夫差求和、韓信忍受胯下之辱的故事，不只是歷史，現實中許多成功的企業家，都有過放下自尊心、面子、感覺的經驗。

正所謂「人不要臉天下無敵」，不要臉並非不知羞恥，而是暫時放下自我的感覺，該爭取的就不用客氣，該拒絕的就理直氣和。特別是當自己居於下風，更要學習劉邦的厚臉皮，才能在逆境中求生存。

談判實境　仲介的價值在於讓買賣雙方能夠各取所需

三十多歲的吳婷儀學姊是魔法二店的黃金業務，曾經歷不少行業，因為年紀比我們大一些，加上名字裡有個「儀」字，而被暱稱為「阿姨」。阿姨不但介紹產品的技巧一流，而且很會「盧」，不只盧客戶也盧自己的同事，有時候

比客戶還難纏，所以不少店的夥伴都很怕跟她合作。

這天阿姨帶了一對約三十歲左右的夫妻來看三間汐止的套房，其中一間是我的案子，由於阿姨對汐止的環境不熟，便請我跟他們一起去，才好介紹。儘管耳聞阿姨的銷售功力已久，但一直沒機會合作，正好趁此機會學習。

阿姨的外形相當普通，但是一說起話來卻讓人無法忽視，並非聲如洪鐘，而是林志玲那種娃娃音，從她身邊走過的人，若是聽見她的說話聲，一定會回頭望。

回歸正題，在刻意安排的順序介紹之後，客戶果然看上順位第二間，位於伯爵山莊裝潢過的大套房。妙的是，阿姨本來請我幫忙介紹附近的環境，可是有她在，我的說明根本是乏善可陳，極度無趣，勉強只能算是個司機。

阿姨的聲音本來就動聽迷人，加上妙語如珠，客戶被逗得一路上哈哈笑，連我這個司機都笑得很大聲。高明的銷售就該如此，先讓客戶喜歡你，被你吸引，自然會對你介紹的產品感興趣，比起只有專業知識，卻不懂得滿足人性的業務說詞，客戶當然會喜歡前者。

在返回店裡之前，我們先送客戶回到萬華的租屋處，說好聽一點是服務客戶，其實是藉機對客戶有更多的了解，看了客戶目前的居住環境後，我們更確定客戶的購買意願非常高。回程剩下我跟阿姨兩人，我很好奇的問她爲什麼會對伯爵山莊那麼熟，阿姨說其實她是第一次去，我心裡馬上ＯＳ「阿姨妳在騙我喔？」

阿姨彷彿看穿我的心事接著說，其實她一路上很注意附近的特色，加上過去在旅行社當過導遊，每次都把帶看當作帶客戶出來玩，常常第一次到陌生環境也能介紹得讓客戶很有感覺。

客戶看上的那間套房要賣三八五萬，阿姨問我多少錢可以收斡旋金？因爲屋主非常強硬，我自己也不知道多少才有把握，當然希望越高越好，這樣就不用花很大的力氣去議價，於是告訴阿姨三五五萬也許有機會。

沒想到當天晚上十點阿姨就收到斡旋金了，只不過客戶願意購買的金額是三三〇萬，我當場嚷了起來：「不是說三五五才有可能嗎？」阿姨不甘示弱地用娃娃音抗議，說客戶一直嚷著說沒錢，她花了快兩個小時才讓客戶從三〇〇萬加到三三〇萬。

隔天早會店長知道了這件事，一聽到買方經紀人是阿姨，笑笑地跟我說：

「你就盡全力談下來吧！這個案子應該會讓你學到不少。」果然接下來的兩天，除了睡覺時間，阿姨幾乎每三小時就問我進展，盯案子比店長還積極。

雄哥知道了這個情況也是大笑，說他第二個案子就是收了阿姨的斡旋，她也是緊迫盯人的問跟買方調價的進度，當時快被她搞瘋了。後來案子成交了，有一次跟阿姨單獨閒聊時，她主動提到為什麼自己這麼盧。阿姨說，因為仲介的價值就是讓買賣雙方都能各取所需，屋主可以賣掉房子，買方可以買到夢想的家。但如果過程中仲介一直考慮自己的自尊心、面子、感覺……以至於辜負客戶所託，她認為這樣的人就不適合再繼續做下去了。

雄哥的經驗分享，讓我得以正面的看待阿姨的盧功，並且甘願加把勁說服屋主，最後屋主被我煩到願意降到三四〇萬，買方也在阿姨的努力下加到三四〇萬而成交。簽約當天我還記得買方很感動地這麼說：「我們本來覺得自己的能力有限想放棄，暫時打消購屋的念頭，如果不是吳小姐的熱情和樂觀，就沒機會擁有自己的家，說起來還眞是感謝她。」說完眼眶還泛著淚光。

還好有阿姨不顧自己感覺的緊迫盯人，才讓我有機會體認到自己的工作非常有意義。

不想成為永遠的輸家，就改變自己吧！

談到厚臉皮大家應該都會想到《厚黑學》，其實大多數的人都被誤導了，以爲是臉厚心黑的害人方法，其實這本書談的是，如何在商場、社會、官場、生活中安身立命的方法。

如果你覺得社會上總是小人當道，正義無法伸張，好人總是得忍辱偷生、蒙受不白之冤……或許你應該嘗試換個角度來看，造成這種結果很可能是，好人太重視原則與自己的感覺，才會在面對小人時屢戰屢敗。既然要改變小人不容易，那就改變自己吧！

分配家產、離婚談判，這樣做避免失和

親人間遇上需要溝通談判時，例如分家產或是夫妻離婚等問題，不少人會分不清楚什麼才是最重要的，最後搞到家庭失和，兄弟互不往來。想避免最壞的結果，

可以參考以下建議：

◆先想清楚什麼是最重要的

我相信大多數的人都認爲，家人之間「感情和氣」最重要吧！

如果你也這麼認爲，就將個人的感覺排到第二或第三順位吧！如果清楚了自己的順序，就能夠掌握溝通談判時，眞正應該掌握的順序了。

◆記住！感覺的有效期限只有二十四小時

我們每一天都有無數的感覺與情感發生，很多時候早上很在意的事，到了下午就忘了，只是當下自己無法忘懷而卡住，如果能時時提醒自己人是很健忘的，自然就不會那麼在意當下的情緒了。

不要太在意自己的感覺和情緒，抵達最終目標才是唯一重要的。

13 與對方建立有利於談判的關係

請閉上眼睛想像，如果你去買車，對方給你什麼感覺時，會讓你不好意思殺價？通常對方讓你有好感，甚至投緣喜歡到信任，都會讓我們在談條件時不好意思下重手。人一旦有了情感的羈絆，多半會比較惜情。

談判實境　上門的客人都應該被平等對待

能搞定大家公認的奧客，才是真正的談判高手。與我同期的同事駿遙就是這樣厲害的角色。

記得那天寒流來襲，而且下著大雨，氣溫只有十一度，這種濕冷天業務都很懶得出門，早上十點多店門外站了個客人，正仔細地看著待售房屋的介紹，大家自然把眼光拋向今天的值日生駿遙。

不到兩分鐘，一個穿著短袖，理著平頭，嘴裡嚼著檳榔，而且身上散發出魚腥味的男性跟著駿遙走了進來，駿遙介紹他一間位在民權東路六段，一八〇〇萬嶄新的電梯華廈，並拿了一些資料給他。這位先生點了點頭好像很滿意，接著表示因爲還要回到鄰近的市場繼續賣魚，所以約定下午收攤後再來看，便離開了。

以貌取人是人的通病，客人一走我就拍拍駿遙的肩膀：「這應該是觀光客吧！」然而駿遙卻一本正經地回答：「我覺得他挺有誠意的。」總之，全店沒人把這件事放在心上，畢竟大家都有過被約好的客戶晃點的經驗，何況這個人堅持不留連絡方式。

下午三點駿遙剛去簽了一個出租的店面返回店裡，這位客人就走了進來，照樣嚼著檳榔，但沒了魚腥味，一坐下來就一直唸他被市場的其他攤販笑，說這房子根本不用一五〇〇萬就能買到。

駿遙並不急著解釋，依然保持他「露出六顆牙齒的招牌笑容」，用流利的台灣話說：「大哥！您說下午就會告訴我您貴姓。」駿遙展現的親和力讓客人不好拒絕，就說他姓張，駿遙於是順口地說：「張大哥，咱們就去看厝吧！」

冬天的夜晚總是來得快，才五點三十分就已經天黑了，駿遙跟客戶出去了兩個半鐘頭，中間店長請秘書打了幾次電話，但都沒有回應，連店長都有點著急了，準備要我去瞧瞧。

這時候駿遙回來了，馬上從公事包拿出三十萬的現金和寫著一六八〇萬的斡旋單收據，交給秘書學姊登記。一來店裡很久沒有成交超過一五〇〇萬的案子，二來第一次帶看就可以收斡旋金，而且感覺客戶不是很好搞定，店長便把所有業務叫進會議室，讓駿遙分享他的經驗。

駿遙保持他的招牌笑容，直說自己運氣好，因爲跟對方語言相通，而且大學時曾參加釣魚社團，所以跟這位張先生很投緣，還跟去他家看他釣到的大魚魚拓，所以才不方便回電話……。

這個無招勝有招的技巧可稱之爲「好感投緣」，駿遙的無心插柳讓這個案子進行得很順利，但事實上只要不先以貌取人、預設立場，也能刻意營造出這樣的有利關係。

讓對方產生好感，甚至投緣喜歡

《孫子兵法》軍形篇上說：「勝兵先勝而後求戰，敗兵先戰而後求勝」，白話一點來說，意思就是擅於談判的人要讓自己先立於不敗之地，而不擅於談判的人則要且戰且走。

我相信大部分的人都喜歡親近和善、謙卑、肯定認同、說話中聽……的人。相對於只懂得一味索取、不懂付出與讓步，甚至惡言相向，這樣的人往往到最後將一無所有，成爲最大輸家。

買蘿蔔被多送青蔥的人，都有這樣的功夫

想要對方喜歡你，並且心甘情願地在談判協議上做出重大的讓步，你可以從以下三點下手：

◆**保持微笑注視對方**

俗話說伸手不打笑臉人，更不用說人與人之間就是一面鏡子，如果去逛傳統市場的攤商，那些生意好的老闆多半保持著熱情的笑容，反觀很多擺著臭臉或面無表情的老闆，生意好的實在不多。

◆讚美認同與鼓勵

你可能也有過這樣的經驗。有一回我去買行李箱，是一家連高鐵站都有設專櫃的品牌連鎖店。那天雖是假日店裡卻只有我一個客人，店員詢問了我的需求後正要介紹產品，我搶先告訴她：「我看了看，覺得貴公司的制服就屬妳穿起來最好看」，店員沒料到我會讚美她，突然「噗」的笑了出聲。

接下來我繼續跟她聊起服務業十分辛苦，假日還得上班，並且鼓勵她……最後結帳時，她主動問我有沒有會員卡，我老實回答沒有，而且很厚臉皮的加了一句，難道公司沒有其他優惠方案嗎？那位店員看了看我便說：「好吧！那我用會員的優惠價幫你打九五折。」

我相信，如果我挑三撿四一直批評抱怨，肯定是拿不到優惠的。

◆投其所好

駿遙跟魚販聊的是對方最熟悉的話題，如果是跟他聊建築肯定話不投機。除了投其所好找話題外，還要視對方的個性調整，譬如說，對方是很講義氣的人，就要展現愛恨分明重情重義；如果對方是優雅高尚的人，就要表現出尊崇道德並喜好文學藝術。

盡量展現親和力、謙卑、肯定認同、說話中聽，讓對方在情感上認同你。

14 讓對方感覺被尊重而放下身段

世界上沒有兩個完全一樣的人，正因爲不同才會有比較。雖然大家都會說人人生而平等，但現實中絕對存在不平等、不公平，自然而然地會產生歧視與尊重、否定與認同等情感表現。但不論外表、個性、思想、職業、財富、身分……我們都希望被別人尊重，所以一個懂得尊重別人的人，更容易得到其他人的肯定與支持。

談判實境 人前留一線，日後好相見

駿遙上個案子成交簽約之後，也跟張大哥結爲好朋友，並且知道了他的故事。

張大哥的父親是高雄的有錢人，家裡有十幾台雙B車，不過張大哥的母親是三房，而大房跟二房也各生了一個男生。由於張大哥不管是天生資質或後天努力都比兩個哥哥出色，因此格外受父親疼愛，但財富永遠是有錢人家是非恩怨的颱風眼，大房和二房爲了避免以後分財產吃大虧，便開始栽贓誣衊張大哥和他母親。

一開始父親還滿相信他的清白，但三人成虎，張大哥很快就失去父親的寵愛，幾次激烈衝突後，在國二時離家出走自食其力，後來的人生可想而知。混過黑道、好幾次進出派出所，甚至母親意外過世，他在拘留所都沒能見上最後一面。

張大哥更露出手上和腳上的大片刺青，都是年少荒唐時留下的印記。幸好母親生前的一位賣魚的朋友一直沒放棄他，把張大哥帶在身邊教他批發漁獲，讓他脫離漂泊的生活。

賣魚雖然辛苦，但利潤還不錯，現在他已經擁有一個店面，也投資了幾間套房收租金，這次想買四個房間的大房子，給家人更好的居住環境。但忙於工作的張大哥，根本沒時間打理自己的門面，通常都是利用賣魚的空檔到仲介公司看看賣房的資訊，但是幾乎所有的業務都只盯著他身上的刺青瞧，認定他根本買不起。

有一次更誇張，他才走進店裡秘書就拿起香水噴，儘管經歷過人情冷暖，這些張大哥並不看在眼裡，但心裡仍感覺不舒服。然而駿遙給他的感覺完全不同，很平實，也不會刻意討好，讓張大哥第一次感受到被尊重。

而且下午帶看時，兩人聊到一些釣魚的知識，雖然志同道合，但難免有些見解不同，偶爾張大哥還故意說錯，但駿遙只是笑笑的說也許是他記錯了，他回去再查查看。就是這樣尊重彼此的不同，並且明知對方說錯了，也不會高調指出錯誤來彰顯自己是對的，才讓張大哥非常欣賞這位小老弟。

把心中的那杯水倒掉，讓心態與價值判斷歸零

有一句話說得好，「小合作要放下態度，彼此尊重；大合作要放下利益，彼此平衡。」但我們都是帶著成見看待身邊的人事物，而且都主觀認定自己是對的。所以，學習尊重對方的第一件事，就是要把心中的那杯水倒掉，讓自己的心態與價值

判斷變成空杯。

很多人都說自己懂得尊重，但心中的那杯水卻是滿的，無意間就透露出眞正的想法。談判進行時要讓對方感受到被尊重的誠意，對方才會拆掉心中的那道高牆，降低防備的心，並且用認同肯定來取代批評與責備。

在彼此尊重的前提下，談判比較容易達成雙贏的共識。

從小細節做起，才能「絕對成交」

人際關係是一門大學問，有時候不打不相識，有時候不小心說錯話而暗結梁子，特別是在生意的場合，多注意以下介紹的小細節，能爲自己帶來意想不到的好處。

◆移除自己的優越感

如果心裡隱藏著優越感，不知不覺就會顯現在態度上，比方配戴榮譽徽章、名表、名牌包、鑽石珠寶，以彰顯自己的名譽、財富、地位，而這些都可能讓身邊的人感覺不舒服。如果不是銷售特定高價的商品，在接洽客戶時，最好避免讓對方感覺你優於他，而平添變數。

◆就算不認同對方的觀點，
也不要急著反駁

對方不過是在分享看法時，你卻急於反駁，只會讓人感覺不被尊重，甚至流於意氣之爭。因此，想要成功的完成交涉，就算不認同對方的觀點，也要保留自己的不同意見，所謂「水深則流緩，語遲則人貴。」

◆說話要看時機

還有一種常會讓人感覺不被尊重的情況，就是說錯話。一般人都有一種錯誤的認知，認爲只要說的是「事實」或「對」的就不會錯，但人與人之間並不是那

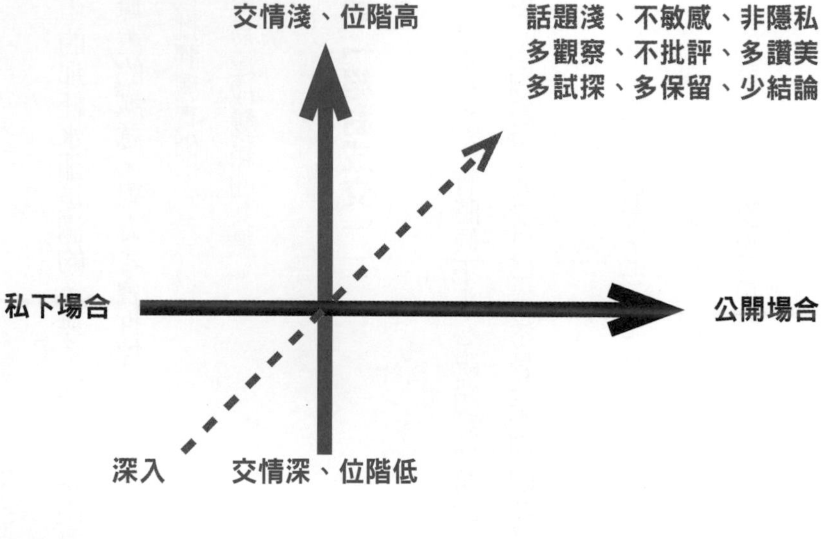

看人說人話，根據對方的身分、彼此的立場和談話的場合來調整自己的話術，能讓對方留下好印象。

麼單純，說話前要先思考對方的身分，彼此的交情以及談話的場合。

很多人掌握不到這個大原則，造成「交淺言深」而讓對方不舒服，感覺不受尊重，這樣只會不利於談判，並帶來負面的效果。

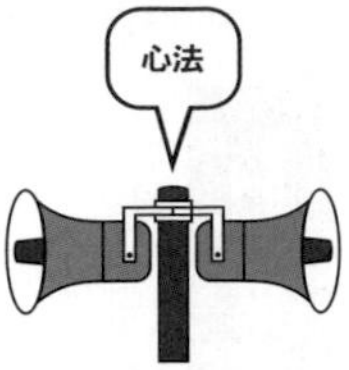

尊重不同的觀點，而且不可明知對方有錯，還高調指出錯誤來彰顯自己是對的。

15 讓對方覺得在感情上虧欠你

《孫子兵法》裡最耐人尋味的四個字「正、奇、虛、實」；有時候看起來是直球，其實是出奇兵，有時候看起來是劣勢，其實是誘敵的妙招，懂得其中奧妙的談判者，就懂得如何掌控主導權。要讓對方覺得在感情上虧欠你，往往運用的就是表面上我方吃虧，其實不盡然的策略。

談判實境 **只在對的時間說對的話**

樑楷是早我兩期的學長，跟店長一樣曾經想當歌手，但種種因素下轉往房仲業發展。由於我們年紀差不多而且都愛玩，便常一起去泡沫紅茶店玩撲克牌，或下了班約去唱KTV、打保齡球。

樑楷最擅長議價，一張娃娃臉讓他在跟屋主議價時，就算把屋主逼急發火了，最後還是能達到他的目標價格。實際上樑楷非常細心，很懂得讓屋主在情感上虧欠他。譬如說有一次颱風來襲，有一間房子的屋主江先生出國，不但陽台的排水孔被樹葉堵住了，水淹進了客廳，落地窗也被飛來的硬物打破了，樑楷便邀同事一起前往幫忙打掃。

結果樑楷在撿拾碎玻璃時不小心劃了一道不小的傷口，當場血流如注，大家忙著包紮，而沒注意要清掉丟進垃圾桶的沾血棉花。當然樑楷跟屋主回報時，並未提起受傷的事，等江先生回到家再看到樑楷手上不小的包紮，完全明瞭樑楷的付出。如果你是屋主能不感動嗎？

不過，這位江先生並沒有被感動！

這個案子不到十天就被雄哥收了斡旋，屋主要賣一一三七萬，買方出價一〇七五萬，價差不大，大家都以爲樑楷爲這個案子的付出，應該會讓屋主感動而價降吧！但屋主就是一毛都不降，因爲他一直認爲當初委賣的一一三七萬已經太低了。

案子陷入膠著，眼看斡旋金三天的期限已經過了兩天，雄哥也很努力讓買方加到極限一〇九〇萬，但屋主還是一塊錢都不降。

當天晚上突如其來的下了一場雨，八點二十幾分屋主家的門鈴響了，江先生從門上的貓眼看到樑楷全身濕透了，趕緊把門打開讓他進來。原來樑楷帶客戶在附近看房子，誰知道下了大雨騎摩托車讓他淋成落湯雞，只好就近跟江先生借條毛巾。

江先生四十多歲，是保險公司的業務經理，戴著金邊眼鏡，個子不高，但精神奕奕，而且頭腦精明，對數字很有概念，和太太育有三名子女，但都已送到國外念書，家裡只有夫妻倆人住。江先生拿了條毛巾給樑楷，江太太則倒了杯溫開水，樑楷很是感動地說了好幾聲謝謝。江太太忍不住問：「你幹嘛這麼晚還帶客戶看房子？」樑楷喝了一口水語氣疲憊的回答：「因爲房子不好賣，這種時候會想看房子的才是眞正的買方，要把握機會啊！」「因爲每一個屋主都相信我，才會把房子交給我賣，如果我不認眞就對不起屋主，更何況有些屋主急著用錢，我必須把握每一個可能的機會。」才說完就打了個好大的噴嚏，樑楷連聲抱歉地拿了桌上的面紙。這時候江先生看到他手上包紮的傷口，因爲淋到雨滲出一點血水，便要太太拿來急救箱。

江太太在結婚前是名護士，十分俐落地幫樑楷把傷口重新包好，看到將近十公分長的傷，讓江太太心生虧欠。然而樑楷至始至終都沒有提到江先生房子的事，待了二十幾分鐘，雨停之後就離開了。一個好的談判人員一定要懂得，只在對的時間說對的話。

隔天早會時，店長問起樑楷屋主到底會不會降價，樑楷只淡淡地表示，要看江先生中午前會不會來電話，果然十點八分屋主來電同意一〇九〇萬成交，條件是兩個月內要交屋，而且不送任何傢俱，樑楷看似淡定的表情中，嘴角正微微上揚。

觸動對方憐憫、慈悲、感恩的心，在情感上制約對方

談判時每個人一定都會站在利己的角度來看事情，但因爲大多數的人都是善良、有感情的，因此談判專家都知道，如何觸動對方憐憫、慈悲、感恩的心，在情感上制約對方。只要讓對方覺得虧欠你，他就會不好意思翻臉，會不好意思提出較

多的要求，會不好意思……換句話說，讓對方成為「臉皮薄」的人，自然就會有利於我方啦！

夫妻吵架，這樣做讓對方看見你的付出

付出越多的人，就越有福報；凡事感恩的人，就會越來越順利。懂得對談判桌上的另一方付出與表達感恩，一定能讓對方覺得你是一個善良且不計較的人，自然會使談判的進行更爲順利。這個方法不只能用在職場上，特別是夫妻間的爭吵，不用去爭論誰做得多，使出這種無形的談判，反而能讓感情升溫。

◆原諒對方的無心之過

既然是無心，對方心裡一定也感覺抱歉。如果我們爲此發怒，對方反而會惱羞成怒不肯認錯，但因爲我們選擇原諒，對方就算嘴裡不說，心理上也會對你感覺不好意思。

◆裝扮弱者換取同情

俗話說男兒有淚不輕彈，但眼淚絕對不是女人的專利，只不過男人的眼淚要用得精準才不會讓人覺得厭煩。男人絕對不能低著頭啜泣，那只會顯示出你的懦弱膽怯，要嘛就要仰天哭泣，讓眼淚自然流下，然後決絕的拭去眼淚，這叫作英雄淚。

回顧歷史上最能哭的男人，不就是劉邦與劉備嗎?!

◆在細微的小事上照顧對方的情感

◆滿足對方不方便啟齒的事

懂得付出與寬恕，才能讓對方覺得虧欠你。

16 讓對方感覺你是個溫暖的人

永遠的巨星奧黛麗．赫本曾經說過：「你若要有優美的嘴唇，要講親切的話；若要有可愛的眼睛，要看別人的好處；要有苗條的身材，把你的食物分給飢餓的人；要有優雅的姿態，走路時要記住行人不只你一個人。」

一個體貼、善解人意、懂得付出、不計較，以及說話中聽的人，一定是個賞心悅目，讓人感覺滿滿溫暖，不管走到哪裡都受人歡迎的人，而這樣的人在談判桌上也比較容易取得對方信賴。

談判實境　**人與人，短期相處看脾氣，長期相處看個性**

如果對方的態度非常強硬，但處境很艱難，你要如何來改變他的態度，好讓你來幫助他？

蔡先生七十歲了，身材瘦弱，頭髮稀疏且斑白，和太太經營一間生意不好的雜貨店，偏偏又拿房子跟銀行借貸了五百萬，以當時的利息，每個月得支付銀行五萬元，負擔相當大。蔡先生跟太太商量了很久，決定把店面賣掉，還完銀行貸款後，用剩下的錢度過餘生，所以決定賣一千萬。

爲了省下仲介費兩人決定自己賣，但賣了三個月來的不是仲介公司，就是一開口就殺到六百萬的投資客，蔡先生再跟太太商量後，決定交給他們認爲最「古意」的秉熙來賣。秉熙因而接下了另一個觸發他成長的案子。

其實從蔡先生第一天貼出「頂讓」，秉熙就前來拜訪了，來來回回跑了十幾趟，不是吃閉門羹就是被罵。所以當蔡先生主動來電，著實讓他嚇了一跳，但還是很快地去簽回委託書，然而蔡先生堅持把仲介費加上去，變成一千一百萬，可是這個物件在當時頂多值九百一十萬。這下子秉熙頭大了。

蔡先生的雜貨店位在巷子裡的一樓，既沒在大馬路上，也不是三角窗，並不是很理想的店面。但卻是蔡先生養家餬口的經濟來源，更是夫妻倆唯一的財產，在價值認知上自然遠遠高於市價，而這種價值認知的落差，經常會發生在談判桌上。

蔡先生堅持合約只簽一個月，到期了再看情況，甚至一開始連權狀影本都不願意提供，因爲他很擔心會被仲介公司拿去貸款，或做出對自己不利的事。還好秉熙的「勤勞」聯繫和用心帶看，讓蔡先生和太太很感動，總共續約了兩次，也就是說讓秉熙賣了三個月。第一個月蔡先生幾乎只有一句話：「沒有一千一百萬，免談！」

善良的秉熙十分清楚蔡先生的處境，很想幫他，於是決定先了解他們賣房子的眞正動機，並希望從中找到答案。之後每隔兩三天，就算沒帶客戶看屋，他也會去雜貨店幫忙，常常幫蔡太太搬貨搬得滿身大汗，或是幫忙找東西弄得一身灰塵。

秉熙的用心與誠意慢慢化解了蔡先生的敵意，終於肯把心中的秘密告訴他。原來五年前一個當代書的小學同學請他幫忙，用高利誘惑蔡先生把房子抵押借了五百萬。誰知道貸款一下來，不但沒拿到錢，代書朋友也人間蒸發，而且當時代書借款的利息還特別高，雖然跟銀行交涉後利息降了下來，但平白無故多了五百萬的債務，雖然很自責自己貪心，但也從此對所謂的「掮客」充滿敵意。

蔡先生說得老淚縱橫，既傷心失去金錢，也對人性感到絕望。秉熙看了難過，但也只能拍拍他的肩膀，承諾一定幫他。

三天後的晚上十點多，秉熙的電話響起，是蔡先生來電求助，原來蔡太太發高燒嘔吐，獨生女又遠嫁台中幫不上忙，只好厚著臉皮請他幫忙。秉熙二話不說立刻趕到蔡先生家，帶著二老前往醫院，一手處理住院相關事宜，幸好蔡太太只是急性腸胃炎，但忙完也已經凌晨兩點多了。

蔡太太出院的第三天，蔡先生帶了禮物來公司跟秉熙道謝，秉熙當然堅持不收，沒想到蔡先生接下來的話卻又讓他嚇了一跳。

「其實一開始我就知道這間房子了不起也只能賣九百五十萬，但我就是不甘心啊！這幾年光是利息就付了一百多萬，都是辛苦錢啊！不過這兩個多月相處下來，我和太太都感覺到你的真心，也相信你會盡量幫我們爭取到好價格，更希望你幫忙找到會愛惜那間房子的買家，畢竟那裡留有我們一家人的美好回憶。」秉熙聽了眼眶泛紅，更用拳頭打了自己的胸口。這是男子漢之間無聲的承諾。

只有真誠的心才能化解敵意

互不信任的兩個人無法在溝通談判時達成共識，因爲所說的每一句話都會被成見所扭曲，因此話說得越多並不會讓對方改變，甚至會造成更大的鴻溝。如果我們真的希望與對方達成共識，一定要換個位子思考，想想看哪些話，哪些行為可以讓對方感到我們是真的設身處地為他著想，並且發自內心感覺到溫暖。

這樣一來就能使雙方的關係得到改善，也比較容易達成共識。

改善與青春期子女的關係

父母跟孩子很多時候因爲觀念的不同也會處在對立面上，面對叛逆期的孩子，溝通交涉的方式，不能以威權來逼迫，訴求軟性的手法，讓他感覺溫暖是比較好的作法。

◆眞誠的關心對方

家就像一個公司，身爲經營者一定要讓所有成員都對你心悅誠服，如此公司才能經營得有聲有色，家和才能萬事興。所以孩子也可以看作是合作夥伴，關心他的髮型、穿著，不要老是責備，換個角度來欣賞，當他感受到你是眞的關心他，自然較能把你的話聽進去。

◆先詢問對方的想法

簡單舉例，去餐廳用餐時，如果對方完全不徵詢我們的意見，就點自己想吃的菜，我們一定覺得不被尊重。但如果對方會先請我們點菜，或詢問我們的飲食習慣與禁忌，一定會讓人感覺舒服許多。

◆願意吃虧讓步

斤斤計較的人讓人感覺不易相處，精明幹練的人則令人不寒而慄。相對的，願意無條件付出或明知自己吃虧，但還是願意溝通的人，總是比較受人歡迎。父母若能放下姿態與孩子溝通，孩子通常都會願意說出眞心話。

真誠、關心、尊重、付出……讓對方感到溫暖，受惠的會是你自己。

第三章

讓情勢轉向有利於你

17

利用私下喝咖啡拉近情感距離

許多人都高估了面子的價值，然而我們很難對「面子」做明確的定義，它既是非常主觀的標準，感受卻又因人而異。於是這個抽象又難以具體形容的事，反而常成爲決定談判溝通能否達成共識的關鍵。

談判實境 **雙方爭執不下時，要為彼此找到下台階**

大家都怕買到漏水的房子，偏偏台灣的氣候潮濕多雨，加上不少建設公司施工不確實，很多房子交屋沒多久就開始漏水，甚至發生無藥可救的壁癌，所以常因爲這樣產生交易糾紛。

「這房子我住了十四年都沒有任何問題，我怎麼知道會漏水！」一開口就非常不友善的是屋主蔣吾渤，一個三十七歲，習慣綁著辮子的設計師，家裡很有錢，房子是他二十三歲時，父親送他的生日禮物。

老實說我很不喜歡他，設計這玩意很主觀，我也不是專家，說不上設計的優劣，單純是討厭他老愛吹噓，明明就是靠父親庇蔭，卻說得一切都是自己努力掙來。一個人越常掛在嘴邊吹噓炫耀的事，往往就是他最心虛的地方。

話說，這間電梯公寓賣不到一個月就成交了，本來我還有點擔心不容易遇到買方，因爲設計風格獨特的房子，買方的反應往往很兩極。加上屋主蔣先生期望很高，售價也比同質性產品高一些，所以這次運氣很好才能這麼快成交。不過，屋主倒是很自傲，認爲是房子好才能這麼快賣掉，完全蔑視在背後幫忙出力的人。

買方是一對將近四十歲的頂客族夫妻，先生姓龔是某航空公司機長，太太則是座艙長。聽雄哥說是很好相處的人，到簽約當天見了面才知是俊男美女組合。簽約時，買賣雙方聊得十分投緣，所以當龔先生提出希望在交屋前先進場裝潢，屋主馬上就答應了。

簽約一個星期後，屋主除了固定的裝潢外其他都已清空，雙方到現場點交後，裝潢人員隔天就進場，但萬萬沒想到美好的關係很快就變了調。當裝潢工人拆掉主臥室和浴室相鄰的衣櫥，牆壁明顯有漏水的痕跡。因爲是在交屋前，我馬上通知屋主，但他事不關己地說：「那不關我的事。」

對付翻臉比翻書還快的人，我只好搬出民法第三五四條「物之瑕疵擔保責任與效果」，他才心不甘情不願的來協調，但態度還是一副與我無關，甚至說出「早知道就不先借你們裝潢！」這種幼稚又不負責任的話。

總之上半場的協調非常不順利，賣方的態度讓買方夫妻變得非常強硬，龔太太甚至說出「那就法庭上見」，還好龔太太有勤務先離開，留下龔先生繼續協調。剩下四個男人，除了我沒抽菸，其他三個都是老菸槍，雄哥於是提議到外面抽根菸，並由我負責去買咖啡。

四個男人從有點火藥味的尷尬中，先聊起房子原本的設計初衷，再聊到買賣雙方都是去奧地利、德國度蜜月，喜歡同一個法國酒莊的紅酒……屋主忽然深深地吸了一口菸，再吐了出來：「龔兄其實不瞞您說，您拆掉的衣櫥是我和太太最喜歡的傢俱，只是因爲帶不走只好留在那邊。」我和雄哥很有默契的互看一眼點了頭。

聽到屋主這麼說，龔先生有點尷尬地說：「不好意思！」屋主趕緊說：

「不不不，龔先生我沒有責怪您的意思，您買了房子本來就有裝潢的權利，是我自己情感上沒有調整過來，我們才會兜一大圈浪費這麼多時間。」

那是初夏蟬鳴唧唧的午後，我學會了商務談判不盡然都要正經八百的進行，尤其是當雙方為了某些條件或環節僵持不下觸礁時。所謂的退一步海闊天空，不一定就是其中一方要退讓，可能是休息一下、換個場地、換一種方式私下溝通、換一個思考的角度和說詞……因為有時候雙方僵持不下，所爭的並不只是條件，而是下台階。

先處理心情，再處理事情

談判溝通的能力絕對不是只有口語表達和說服兩項，在我的理解至少有十二項能力都會影響談判溝通的結果，譬如說隨機應變和創意思考的能力。有人說「煩惱的時候，換個思維去排解；抱怨的時候，換個方法去看問題。」這都是一種隨機應變和創意思考。

當雙方已經僵持不下，就像路已經走到盡頭，不要傻傻地直直走下去撞牆，而要轉個彎，不管是喝咖啡，還是抽根菸都是一種緩和情緒的極佳方式。說穿了就是，先處理心情，再處理事情，把雙方的情緒搞定了，就比較能夠就事論事地溝通。

追討欠款，或是收回租屋要求房客搬遷

排除專門討債的公司不說，通常正派的公司或是私人催討，主要還是會用電話聯絡，但難免也會有必須面對面的時候，話說見面三分情，有時候挑個適合的地點和好的開場，能讓對方軟化而願意還錢或是成功收回租屋。

◆圓桌比方桌更能達成共識

一般而言，圓形的桌子會比方形的桌子更容易達成共識，而且室內空間不宜太大或太小，太大與人之間的關係疏離，不利於情感交流，太小又有壓迫感，讓人不舒服。

準備茶水或咖啡，會讓對方放下緊繃的情緒，也比較不會視你爲敵人，在對等的關係下，較有利於進入談判程序。

◆設計軟性開場白

如果雙方已經有共識比較適合開門見山，如果雙方歧見很深就需要先閒話家常，先講一些無關緊要的話題，緩和氣氛，再循序漸進地把話題引到主題上。

◆隨機應變不僵化

如果對方並不是故意不從，而是眞的有困難，爲了不把對方逼上梁山，你最好祭出備案，讓談判能夠繼續，總之，達到目的才是唯一重要的。

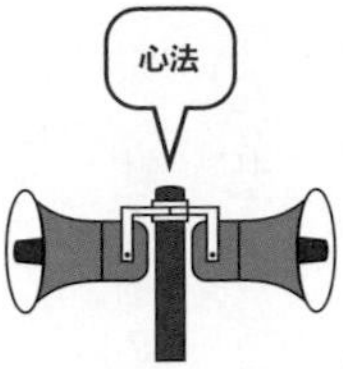

學會隨機應變，當雙方僵持不下時，先處理心情，再處理事情。

18 磨練讓對方妥協的力量

魅力十足的人，心中滿是陽光的人，在談判桌上比較容易讓對方融化。找到自己內在最有自信的點，透過外表的修飾、語言表達和肢體動作，你所散發的魅力一定會像強力磁鐵，深深地吸引對方進而說服對方。

談判實境

自信、魅力、風趣的人，較容易拉近人我關係

我曾經跟雄哥一起接待一位短髮，身穿長版風衣和馬靴，四十歲左右（後來才知道對方已經五十歲了），有點盛氣凌人的女性，開著一部BMW雙門跑車，載我們前往去看我經手的電梯華廈。

跟客戶聊天是雄哥的強項之一，不過今天顯然碰了釘子，我坐在後座看得見客戶完全沒表情的臉，而且反應相當冷淡。由於車內空間有限，客戶又播放

爵士樂，讓人很自然地壓抑講話的聲音，使得雄哥完全無法發揮。

到了客戶要看的房子，客戶嫌我的解說讓她完全抓不到重點，就要雄哥幫她介紹附近的交通動線、學區、超市、公園和運動中心等。雄哥的聲音不只洪亮，而且抑揚頓挫，加上帶點誇張的肢體語言，以及配合內容的生動表情，我發現這位女士竟然笑得像十幾歲情竇初開的小女生，雄哥果然是魔法一店的頭號師奶殺手。

爲了讓雄哥可以延續戰果，我便假借店裡找我，暫時離開去打電話，好讓他可以繼續擄獲客戶的心。

找到自己的風格，樹立個人魅力

「魅力」說穿了就是你給對方的感覺與印象，魅力跟自信相輔相成，有些人雖然擁有帥氣或美麗的外表，很容易吸引人，但一開口就魅力盡失。有些人一開始可以侃侃而談，但沒多久就發現言語乏味，又或者內容精湛，但表達方式讓人想睡……魅力能夠提高成事的可能性，而且是可以修練培養的，如果無法成為有自信、有魅力的人，在各方面都會吃虧。

提升業績、抱得美人歸，都有必要磨練魅力

作爲專業的講師、營業員、售貨員，甚至是想贏得美人芳心，擁有魅力自信的人通常都比較吃香。如果你感覺自己在這方面有待加強，其實可以先從改變穿著打扮、練習展現生動表情來做起。然後矯正姿勢、挺起胸膛，不管是坐姿或站姿，要讓人感覺有朝氣、精神奕奕，而且與人對話時要注視著對方的眼睛，對方自然能感受到你的自信心。

接下來運用點到即止的肢體語言、有感染力的笑容、有感情的聲音、豐富的臉部表情和開放的心態，以及發自內心的貼心問候。另外，平時也要多樣性的涉獵資訊深化內涵，積存多一點的素材，讓自己不至於語言乏味。再加上多說好話，主動讚美與問候他人，即能讓人對你產生好感，長期下來，便能養成屬於你自己的，獨樹一格的風采。

魅力與熱情是溫暖的陽光，可以融化對立的冰寒。

19 對方不講理時，要鬥智不鬥力

一個人脾氣來的時候，福氣就走了。通常優雅的人都能很好的控制自己的情緒，而且能夠控制住負面情緒的人，要比用嘴巴傷人的蠢蛋，更有機會拿下勝利的旗幟。

談判實境　有理自然不怕鬼敲門

二十年前台北市周邊丘陵有不少墓園，有些近到從房子的陽台或窗戶就可以看清楚墓碑上的字，雖然每個人的接受程度不同，但銷售房子時，附近若有這類嫌惡設施，一定都會事先告知客人，以減少日後的糾紛。但是儘管已經很謹慎注意了，卻還是會遇到翻臉不認帳的買方，馮老師就是其中之一。

馮老師是教音樂的，偶爾也提筆寫作，婷翡帶馮老師去看房子時，特別提醒他周邊有墳墓，馮老師還笑稱這樣很好，可以給他帶來一些創作靈感。沒想到屋主簽收了訂金後，馮老師才說不買了，一會兒說婷翡帶看時沒說清楚，一會兒又說他的親友都叫他不要買。婷翡協調了五天馮老師仍堅持不買，而且要求我們還他訂金。難怪有人說難搞的「三師」中，尤其老師最難搞。不得已下，只好請馮老師來店裡做最後一次的協調。

秋老虎發威下，炎熱的氣溫讓人很不舒服，不過店裡的氣氛更火爆，馮老師旁邊坐了一位五十多歲的男性，大約一六五公分，身形瘦小，但肚子不小，左臉頰上有一撮毛，牙齒可能是長期抽菸吃檳榔，顏色黑黃參差不齊，樣子有些猥瑣，讓人看了生厭。

對方拿出一張台北市王議員助理江志雄的名片，口氣非常惡劣，開口就要店長跟他談。但店長故意坐在我的位子上靜觀其變，同時早已想到婷翡還嫩，無法控制場面。於是請雄哥代表出面協調。

談判桌上最討厭這種狗仗人勢、蠻橫不講理的傢伙，這位江志雄就是如此，不過雄哥也不是省油的燈，他早就和婷翡想好了戰術，兩個人分飾黑白臉跟客戶鬥智不鬥力。

其實江志雄哪懂不動產交易，更不懂法律和談判技巧，只知道威脅和放話，一會兒說要告公司詐欺，一會兒又說要告婷翡背信……還好公司的職前訓練教過我們一些法律常識，一聽就知道他在胡扯，只能嚇唬無知者。當然我們也馬上打電話到王議員服務處查證這人的眞實性，沒想到對方一聽到他的名字馬上撇清關係，說議員在半年前就叫他走路了，誰知道他還拿著以前的名片招搖撞騙。

雙方纏鬥了半個小時，雄哥面對江志雄的叫囂，一方面四兩撥千斤地實問虛答，一方面也不斷反制對方的恐嚇，這隻沒有牙齒的野獸，大概也只能這樣虛張聲勢、鬼吼鬼叫，根本幫不到馮老師。

另一邊婷翡施行哀兵政策，不斷地跟馮老師軟性周旋，希望馮老師知所進退。馮老師當然也是聰明人，一看自己帶來的人不但幫不上忙，還讓自己變得立場尷尬，再鬥下去對自己並無好處，何況婷翡也拋出了下台階，乾脆漂亮的結束，於是請婷翡當場就跟屋主確認簽約時間，趕緊把這場輸得很慘的惡戰結束。

後來才知道，江志雄原來是馮老師的遠房親戚，有一天吃飯閒聊時，他自告奮勇要幫馮老師討公道，也許是打算事成後可以討個紅包，誰知道遇到雄哥摔了一個大跟斗，難看極了。

挑釁、激怒對方，和對方硬碰硬，是不智之舉

談判桌上很常遇到挑釁、叫囂的人，他們天眞的以爲「威之以脅迫」是萬靈丹，走到哪兒都只會用這一招，卻根本搞不清楚，對方也可以選擇不談，究竟誰會吃虧，誰又能占盡便宜很難說。

人品與格局會影響一個人在談判桌上的態度，善良的人多會選擇以平和的方式解決差異，所以語氣溫和，態度不卑不亢，既堅持立場又能靈活變通，把衝突降到最低，讓事情能圓融結束。

除非被對方逼得必須採取以戰止戰，又或者對方是個吃硬不吃軟，或個性上容易被激怒而須採取激將法，否則激怒挑釁對方實在非明智之舉。

跟店家要求合理服務，或退換貨

不少行業都講求「服務親切，客戶至上」，消費者也都能接受店家收取服務費

的規定，但是遇到態度不親切，沒有服務熱誠的店員，很多人可能選擇下次不再光顧，但也有少數人會去積極爭取店家應該提供的合理服務。

若是遇到讓你感覺不平等的待遇，你不一定要摸摸鼻子吃悶虧，但也不必然以叫囂、怒罵的方式來處理。

◆除非有絕對把握，否則不要用氣勢壓制對方

我常看到很多談判或溝通的場合，一些人在氣勢上贏了對手，但因爲沒有共識最後不歡而散，而必須擇期重新回到談判桌。不過，本來意氣風發的一方，下一回就未必還能取得優勢，甚至還可能因爲被對方識破弱點，找到致勝絕招，最後全盤輸了。

◆隨時隨地爲對方留後路

不爲難對方給對方下台階，也是爲自己留個後路。比方說，在餐廳吃飯，結果端上桌的菜摻雜了異物，你毫不留情面的大罵店家，店家表面上很客氣地把菜端回廚房重新出菜，但你實際上並無法確定廚房是不是眞的重煮了一次，或是多加了唾液在其中。

遇到對手惡意挑釁，甚至情緒失控，
首先要穩定自己的情緒，避免亂了陣腳。

20 對自己的感覺斤斤計較的人，一定是輸家

我很喜歡這句話：「當你修煉到足以包容生活中大多數負面的情緒，專注於當下的責任與承諾，你已站在精神的最高處。」

人難免會有跟自己的情緒過不去，把本來影響不大的事情，因爲過分計較而看得很嚴重，最後丟了面子，也失了裡子，實在得不償失。

談判實境　衣冠楚楚的人，未必高風亮節

我們對於醫生、律師、法官等專業人士都有一定的成見，但接觸的人多了就會發現，職業高尚，人品不一定也高尚。

魔法一店裡的甜心業務婷翡有一陣子業績旺到不行，不但頻頻冒全泡（註：仲介內部術語，指案子的開發與銷售都是自己完成），而且都是成交八

〇〇萬以上的大案子，前幾天還帶看了一位指名二〇〇〇萬以上別墅的客戶。聽說客戶很喜歡，有機會出價，讓大夥羨慕得不得了。

後來我們才知道客戶是位醫師，胡醫師是某教學醫院的外科主治醫師，開了一部賓士三二〇，婷翡連續帶他看了幾間附近的案子，後來胡醫師看上大湖公園旁邊，屋主要賣三八〇〇萬的別墅。本案是友店負責的，但離我們店不遠所以我也去看過，說實在很普通，沒什麼裝潢，內部擺設也很簡單。雖然平均單價離行情不遠，但這樣的客群實在不多，婷翡帶胡醫師去看的時候本來不抱希望，沒想到簡單的屋況反而更符合他的需求。

胡醫師也很慎重，光是家人就看了三次，還請了風水師和他認識的室內設計師，來來回回看了六次，這對婷翡而言其實很吃重。但畢竟是超級大案子，她還是很樂在其中，因爲客戶這麼慎重，表示有認眞考慮。

不過客戶的口風很緊，婷翡試探了幾次想了解客戶的出價意願，但對方不說就是不說。那天下午六點三十分剛好婷翡值班，大家已準備下班離開時，胡醫師打來電話，大家都猜應該是要出價了，所以自動留下來一起等待結果。然而婷翡的表情越來越沮喪，我猜想客戶可能不買了，不然就是出價太低，果然客戶只出了三〇〇〇萬。

當時台北最頂級豪宅，仁愛路的鴻禧成交價不過六〇〇〇多萬，所以三〇〇〇萬的案子當然連區經理都會關心，買賣方的經紀人都卯足全勁，希望能讓這個案子成交。不過好事多磨，努力了將近半個月，屋主願意以三五〇〇萬成交，而買方胡醫師呢？非常心不甘情不願的加了一〇〇萬，三五〇〇萬對三一〇〇萬，看起來成交的機會非常渺茫，雙方店長與區經理討論之後決定再試一次，讓買賣雙方見面談。

因爲友店的自來客比較多，所以就約在我們店裡比較安靜，聽友店的同事說，屋主丁先生是個白手起家的老闆，年輕時都在工廠與工地跑，曬得很黑，嗓門大而且偶爾會爆粗口。反觀胡醫師講話有條有理，不但頭髮梳得一絲不苟，就算是夏天也是POLO衫和休閒褲，相當有品味，更不用說每次看到他的車子，都擦得亮晶晶。

約定的那天下午，買賣雙方都準時兩點半抵達，丁先生主動跟胡醫師握手，胡醫師反而有點拘謹，雙方經紀人都試著閒話家常來拉近距離，沒想到……「沈小姐妳有男朋友嗎？」說話的是胡醫師，他沒等婷翡回答就繼續說：「如果妳有男朋友就不用那麼努力，反正以後給老公養就好了，如果妳少收一點仲介費，我跟丁先生的價差就不會那麼大了。」婷翡沒想到平時很紳士的胡醫師會說出這種話來，既羞又氣，整張臉漲紅了起來，友店的學長趕緊打哈哈，讓婷翡不用回答胡醫師的問題。

胡醫師的反常讓婷翡很尷尬，但胡醫師似乎沒打算罷手，接著又講：「如果妳沒有男朋友也沒關係，我醫院裡有很多黃金單身漢，找機會我幫妳介紹，就把省下的仲介費當成介紹費好了。」這下子婷翡更難堪了，而且有點撐不住想站起來，沒想到屋主丁先生反而輕拍了一下她的手，接著說：「我聽說胡醫師的醫術精湛，是貴醫院的台柱，沒想到您的口才也是一流。」

胡醫師萬萬沒想到屋主會出手幫婷翡，一下子沒反應過來，屋主接著說：「您如果嫌我的房子沒裝潢，不值得這個價錢就衝著我來，不要為難年輕人。」丁先生這話說得很重，但黝黑的臉上卻堆滿笑容，這就是高手。

胡醫師尷尬地笑，丁先生也是見好就收，看到婷翡滿是感激的看著他，他點頭表示理解，然後重新對著胡醫師微笑地說：「胡醫師您可能不記得我了，三年前家父生病就是您幫他動手術。」買方看過的病人太多了，根本記不得。

丁先生接著說：「不過當時您講話就是這麼容易傷人，若不是因爲您是家父的救命恩人，我大概也會跟您吵起來。後來家父用一句師父常跟他說的話訓勉我：『身安，不如心安；屋寬，不如心寬。』希望您把自己的個性改一改，這房子我願意用三三〇〇賣給您，算是報答您對我父親的恩情。」

為自己的感覺斤斤計較的人，註定是輸家

談判的目標與任務比自己的感覺更重要，能夠擁有這樣的體悟，就不怕對方在過程中操弄你的情緒。事實上更多時候對方其實是無心的，可能只是逞一時的口舌之快，單純是有口無心。

一個人的情緒管理影響的層面很大，小到個人的修養，大到一個國家的興亡，《孫子兵法》火攻篇：「主不可怒而興師，將不可慍而致戰。」講的就是這個道理，宰相肚裡能撐船，一個人的成就，一定跟氣度成正比啊！

被人中傷或毀約時，以大器度來包容

◆不值得爲教養不足的人生氣

日常生活中總是會遇到一些人，喜歡探詢隱私、口無遮攔、沒有先思考交情深淺、場合與時機點，就貿然脫口而出得罪人。遇到這樣的人生氣難免，問題是你要選擇生氣多久？

◆放過對方也饒過自己

有人說，快樂不是擁有多少，而是能夠放下多少負面的情緒。萬一對方發現自己的錯誤跟你道歉，你一定要乘機做個順水人情。反之要是對方神經大條沒察覺，你也不需要憋一肚子氣，與其跟對方斤斤計較，把自己的心情搞砸了，不如放過對方也饒過自己，能夠達成協議才是最重要的。

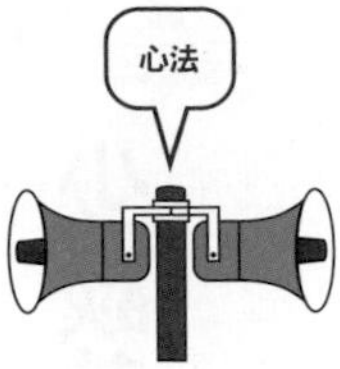

談判時，心安、心寬是最強大的武器。

21

少談差異，多談共識

有差異才需要溝通與談判，如果雙方在談判桌上只會各持己見毫不讓步，那麼談判就會陷入僵局。是談判高手就要懂得化解差異，最常用的方式就是多談共識，少談差異。但是這句話說來容易，做得到的人其實並不多，有很大的原因都跟個人的脾氣與個性有關。

談判實境

創業是同中求異，合作是異中求同

人跟人的交情既看緣分也要投緣，丁先生把別墅賣給了胡醫生之後，反而跟我們店的同事走得比較近，但公司明文規定爲了避免同事間的衝突，丁先生的房子還是只能委託友店處理。雖然如此，丁先生一個月還是會來店裡兩三趟跟同事聊天，由於丁先生的人生經歷實在精采，加上說話幽默風趣，大家都很喜歡跟他聊天，慢慢的也了解了他的一些事。

原來丁先生的父親是大學的教授，對丁先生的管教非常嚴格，他因爲年少時個性十分叛逆而常與父親起衝突，國中還沒畢業就混黑道，父親氣到與他斷絕關係。所以有將近十二年的時間，丁先生都自食其力，手上與腳上的刺青也都是那時候留下的。

當時年輕氣盛，經常一言不合就打人，無數次進出派出所，還曾經因爲傷害罪差點被關，後來雙方達成和解他才免去牢獄之災。一直到有一天母親打電話告訴他父親進了加護病房，請他回家幫忙找一些文件。丁先生離開家的那些年裡只有母親關心他，父親對他完全置之不理，因爲拗不過母親的哀求他才不甘願地回家。

在翻找文件的過程中，他看到了父親的日記，在好奇心的驅使下他偷看了，這才發現父親一直都很關心他，幾次闖了禍也都是父親去求人，到處拜託才小事化無，丁先生當下淚流滿面、懊悔萬分。

丁爸爸痊癒後父子言和，並帶丁先生去認識師父，希望可以改變他的個性，畢竟社會對於改過向善的人，總是帶著有色的眼光。在師父的開示下，他一步步走了過來，也因爲就業不易才乾脆選擇創業。

做生意可不是混江湖，一言不和就打打殺殺，不論是跟客戶還是供應商，都會有意見不同的時候，或者條件談不攏而僵持不下，他就請教師父該怎麼辦。師父講了影響他一輩子的話：「創業是同中求異，合作是異中求同。」「如果你和對方找不到共同點，你就先退讓一步。」

丁先生靠著這兩句話一共開了三家不同性質的公司，而且每一家都生意興隆，跟很多供應商和客戶都保持著良好的合作關係。這幾年他父親年紀大了，他花更多的時間陪在父親身邊，而且他也發現，父親雖然不如過去嚴厲，但還是很固執，丁先生謹記師父的教誨，總是先退讓一步，不再和父親爭執，父子的感情也就越來越好。

丁先生的故事讓我獲益良多。年輕氣盛時很習慣用道理、專業來壓人，甚至會逞強以氣勢來說服客戶，每每在遇到僵持不下的案子時，我都會想起丁先生，並效法他的作法，也跟客戶交朋友。

找不到共同點，就先退讓一步。

談判進行時要找到共識其實不難，養成習慣把普世價值、雙贏、信任、合作……掛在嘴上，即使對方不買單也沒關係，先讓一步請教對方的想法，讓對方先說，再設法找出共識。越了解對方，就越能在談判桌上取得優勢，因此先退一步，讓對方大鳴大放，反而對我方更有利！

策略聯盟下，懂得異中求同才能創造最大利益

根據心理學的防衛機制，人們在遇到衝突時會採取六種反應，合理化、投射、認同、反動形式、壓抑和昇華。除了認同與昇華，其他反應都會讓衝突升高，所以懂得從差異中找到共識的人，在溝通談判時當然比較吃香。

◆像追女朋友一樣設法了解對手

《孫子兵法》謀攻篇：「知彼知己者，百暫不殆；不知彼知己，一勝一負；不知彼不知己，每戰必殆。」越了解對方才能知道如何搔到癢處，踩到痛處，而對方的癢處與痛處正是取得共識的關鍵。不論是爲了共同的利益，或者同仇敵愾，在溝通談判時，都更容易達成共識。

◆踩不到對方痛處，就搔到對方癢處

前面提到搔到癢處，踩到痛處就是指對方的需要。談判溝通的目的是爲了解決彼此的問題，如果懂得先滿足對方的需要，對方往往也願意盡可能地滿足你，但如果雙方都只在乎自己的需要，那麼談判就會僵持不下而破局。

◆越有自信的人，越懂得讓步的策略

很多人誤以爲在談判桌上先讓步的一方是怕事、懦弱，事實上剛好相反，懂得策略性的運用讓步並建立關係，或是找出彼此的共識，才是有自信的行爲。有自信才能掌握讓步的藝術，相反的，因爲缺乏自信才會堅持不讓步，缺乏彈性下反而更容易讓對方

針鋒相對的人無法異中求同

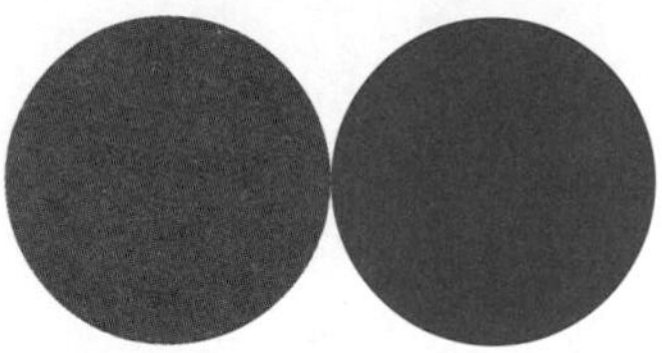

除非，有一方願意讓一步

先找到共識，才有交集，才可能圓滿解決問題。

看出自己的心虛與不足。

找不到和對方的共同點，先退一步，
心情會豁然開朗，事情自然就有轉圜的餘地。

22 挑動對方的情緒

《孫子兵法》軍形篇：「勝兵先勝而後求戰，敗兵先戰而後求勝。」越懂得挑動對方的情緒，就能讓自己先立於不敗之地。

談判實境 從對方說話的速度和語調察覺情緒波動

仲介業務通常都不喜歡遇到買方或賣方是建設公司或代書，因爲這些人的交易經驗豐富，也很清楚房屋仲介的議價和銷售技巧，所以與他們交手往往都比較辛苦。

這次的案子是一排相鄰的三間店面，在建設公司委託雄哥銷售之前，至少曾有三家仲介掛過紅布條，不過都鎩羽而歸沒賣成。實際上這幾間店面的賣相不錯，但建設公司訂價太高，在不景氣的時代，買方對價錢都很計較。

這三間店面光是貸款利息就相當沉重，而且還是直接由副總負責處理，可見得建設公司非常重視，也很急著賣掉。好不容易上個星期我帶看一位投資出租的買方，雄哥也帶看了一對要開餐廳的夫妻，雖然兩家買方的出價都離賣方的目標價有一段距離，但離市場行情都不會太遠，於是店長指示我們全力以赴，至少要成交一戶。

雄哥約了建設公司的蔡副總前往拜訪，但蔡副總姿態很高，不等雄哥介紹買方，就先發制人地說了自己的營造成本、土地成本、利息費用……如果沒有××錢就不必談了。

這些理由乍聽之下似乎有理，但建設公司其實很清楚對方出了行情價。在多頭市場，不管建設公司的成本多低，都可以賣到好價錢。但遇到空頭市場，就回到供需的平衡，討論自己的成本多高根本毫無意義，這道理在任何談判條件的討論都適用。

其實蔡副總心裡很明白，知道繼續堅持高價一定賣不掉，但成本就是這麼高啊！但這一賠可不是幾十萬，心裡這關過不去，就是隨時間不斷流失，付給銀行更多利息了。

雄哥的談判相當經驗豐富，所以自然不會在這些沒有意義的數字上打轉，而蔡副總需要的是一個理由好把心裡的結打開，這種情況就只能下險棋，用「激將法」。

雄哥於是編了兩個故事，說自己被其他建設公司的朋友嘲笑，因爲浪費廣告成本接了天價的案子，根本就賣不掉。又說起自己認識的一位朋友，以前跟過蔡副總，並且視蔡副總爲偶像，當他知道蔡副總在這個案子遇到的窘境，半開玩笑地問雄哥：「蔡副總老了嗎？對趨勢的掌握度退化了嗎？」

雄哥說的每一個字都像銳利的刀鋒，毫不留情的插在蔡副總的心上，但蔡副總也是個老江湖，怎麼可能不知道雄哥在玩什麼招。但他究竟只是個平凡的人，外表看似不爲所動，但心情的起伏仍可從說話的速度和語調嗅出來，更不要說他問了雄哥三次，曾經視他爲偶像的晚輩到底是誰，可見得他非常在意這些話。

雄哥眼見情緒挑動成功，接下來就是如何做下台階，讓堅持價格的蔡副總可以順勢接招下台，畢竟交易談判是以成交作爲唯一目標，羞辱了客戶並無法滿足自己，弄到談判破裂交易無望就糟了。

兩天後，蔡副總同意了想開餐廳那對夫婦的出價，至於我那位想當房東收租金的客戶呢？那又是另一個故事了。

當對方非常理性，就想辦法挑動他的情緒

在《鬼谷子》摩篇裡提到了，用平、正、喜、怒、名、行、廉、信、利、卑來揣摩試探對方的情緒，誘導對方說出眞心話。簡單的說，就是利用貪婪與恐懼，這兩大人性弱點來影響對方，撩撥對方的情緒。當對方越理性就越難影響他的決策，所以古時候兩軍交戰時，有智慧的將領都會先挑動對方將士的情緒。

在談判桌上與對手交戰時，你會是被對方挑動情緒的人？還是會想辦法影響對方的情緒呢？

競技或鬥智時，要知道如何叫戰，出奇制勝

◆知道怎樣才能挑動自己的情緒，並學會控制它

人的情緒豈止是喜怒哀樂這麼單純，每一種情緒的背後都代表不同的心情與反應，想要學會控制情緒，首先就要知道，怎樣的個性會被挑起情緒？譬如說正義自許的人就很討厭謊言；重視名聲的人會痛恨傲慢；婦人之仁者，則可訴諸慈悲以激發同情；對於好爲人師喜歡炫耀的人，就用恭維讚美來攻克。

◆觀察對方性格上的陷溺

只要細心的觀察，絕對都可以察覺到，如何才能讓對方喪失本性，甚至沉迷其中，如此就能輕鬆挑動對方的情緒。當然我們不僅要懂得挑撥對方，也要知道如何控制自己，以防對方也玩弄這招時，你能不動如山，不受影響，這樣才有機會勝出。

當對方試圖挑動你要不動如山，
並且要找到影響對方情緒的方法。

恐懼 + 謊言 + 喜悅 + 仁慈

生氣 + 嫉妒 + 慷慨 + 寬容

悲傷 + 傲慢 + 和平 + 友誼

嫌棄 + 自私 + 自信 + 同情

貪婪 + 慌張 + 希望 + 忠誠

憎惡 + 絕望 + 承擔 + 熱情

怨恨 + 逃避 + 寧靜 + 知足

自卑 + 冷漠 + 謙遜 + 誠實

這些都是人性的弱點。每一個人都有不同的性格缺失，只要抓住其中一個，就能撩撥對手的情緒。

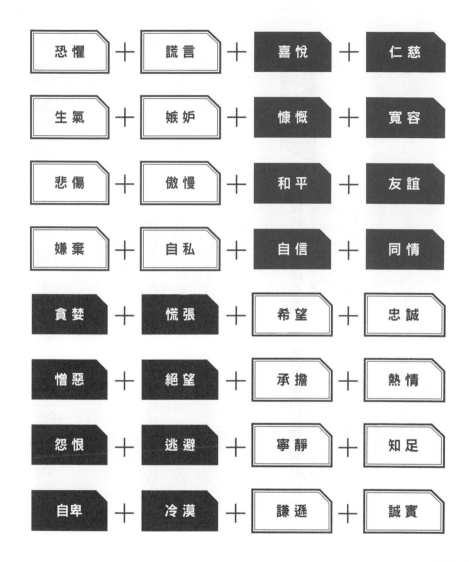

23

提高語言的解析度，讓對方的腦海有畫面

「決定案子能談下來的，不是案子本身，而是人。」

談判、交涉最核心的關鍵就是「人」，由於每個人的特質風格都不一樣，用心程度更不相同，表達力也有差異，如果不能很明確的表達訴求，或是說得平淡無味讓人萌生睏意，那鐵定會居於劣勢，即便是有理的一方也可能爭取得很辛苦，甚至吃悶虧。

談判實境　老嫌貨的人不是不買，可能是你的說詞沒能打動他

魔法一店的同事，個個都有兩把刷子，而且每個人都性格鮮明，各有特色。像雄哥特別擅長議價和搞定難纏的客戶，美少女婷翡則是老闆級的殺手，而苦幹實幹的秉熙則對勤儉的老人家非常有一套……每個人身上都有值得我學習的長處。

剛在房仲業起步時，我的表達力真的很不好，常被店長叨唸物件都被我介紹得平淡無味，就算是巴黎的羅浮宮也會被我說得讓人不想去，所以要我跟著大家公認的帶看王子櫟楷學習，他的演說功力也真的讓我欽佩不已。

六月鳳凰花盛開，蟬鳴不絕於耳的某天，一對夫妻各騎著一台摩托車載兩個小朋友，停駐在店門外看著張貼在櫥窗上的售屋廣告，當時店裡有一位從魔法二店調過來的學長，看見窗外人影後隨即低頭唸著：「又是這家人，真是陰魂不散。」

剛好櫟楷正在整理自己負責的物件廣告，便順勢接待了這一家人。眼看櫟楷比手畫腳的介紹了三分鐘，從這對夫妻的表情不難看出他們很感興趣，果然櫟楷進來拿了鑰匙和安全帽就出門帶看去了。等他們離開後學長才說，這家人是業界出了名的觀光客，從大直、西湖到文德，很多學長姊都帶他們看過房子，但這家人資金有限卻挑三揀四，當然一直沒買到房子，沒想到現在逛到魔法一店了。

這天櫟楷帶他們看了三個案子，果然如學長所說，不是鄭先生嫌房子太陰暗沒光線，就是鄭太太嫌西曬會很熱；要不就是鄭太太嫌離市場太遠，而鄭先生覺得離公車站牌不夠近……當然，這些都在樑楷的盤算中。

第三間是在學校旁邊的公寓三樓，鄭先生照舊嫌學校的聲音太吵，上下課的鐘聲會影響居家安寧。然而，樑楷並沒多作解釋，只引領他們到後陽台，並且跟鄭太太說：「以後您如果手上有事忙，沒辦法帶孩子上學，您就可以站在這邊很放心地看著他們走進學校，並且揮手說再見。」鄭太太露出似乎很滿意的表情。

接著他再對鄭先生說：「您剛剛顧慮離公車站牌太遠是對的，這間房子從巷子走出去一分鐘就是公車站牌。而您現在住的房子距離站牌要走十五分鐘，這樣一天就能幫您省下快三十分鐘，一年就節省了一萬九百五十分鐘。時間就是金錢，光這點鄭先生您就賺到了。」

接著又帶這家人走到附近的小公園，小朋友們玩溜滑梯、騎木馬，玩得不亦樂乎，樑楷也不急著介紹，只是靜靜地觀察這對夫妻臉上洋溢著幸福與滿足的表情。沒多久就聽到太太很小聲地說：「這房子的環境眞好，小朋友也都很喜歡，你上班搭公車也很方便……」

沒有感覺的語言，說得越多對方越討厭

樑楷是一個用心的業務，不但在帶看案子的順序上精心設計過，更清楚的掌握客戶可能有的反應與變通的對策。想要成交，就要清楚的知道客戶不同的需求，才能靈活變化訴求打動人心，就算是無趣的數字，透過放大、縮小、擬人化，也能讓數字變得有生命力，自然能夠改變對方主觀的意識。

既要言之有物，也要言之有序，更要言之有采，讓對方落入你所搭建的情境，與你所設定的情緒，那麼要說服對方就容易多了。

商場、私人聚會，會說話到處都吃得開

話要說得讓人有感覺並不難，掌握以下三點，就可以輕鬆做到：

◆說話要言之有物

講話讓對方無趣無感，多半是因爲花太多時間談自己的感覺，而且沒講到重點。至於什麼是重點？案例與數字是最好的呈現方式，再加上人、事、時、地、物的輔助，能讓對方輕鬆理解你的訴求。

◆內容要言之有序

說話顛三倒四，會讓人不知所云，而懶得聽你說。表達一件事情如果沒有前後順序、沒頭沒尾的，會讓聽的人一頭霧水，特別是彼此不是太熟時。因此在正式的場合或是多人的社交場面上，想要讓人聽你說，在說的內容上就要掌握住「人、事、時、地、物」的順序分配，好讓人一聽就懂。

◆表達要言之有采

光言之有物、有序還不夠，表達還要有風采，不論是臉上的表情、語調的高低變化、遣詞用字，以及是不是太執著於某件事，又或者內容太專業……都會影響對方的感受。

◆事先設計語脈

最後一招，就是「起、承、轉、合」懂得吊對方的胃口，激發對方的好奇心，挑動對方的情緒，就更容易用話術影響對方了。

經過設計的表達方式，一定更能打動對方。

24

談判桌上也要講究風水

你沒看錯，談判桌上也有風水好壞之分，但講究的不是方位、格局、煞氣……而是如何透過環境的安排讓自己居於優勢。《孫子兵法》地形篇：「夫地形者，兵之助也。料敵制勝，計險惡遠近，上將之道也。知此而用戰者，必勝。」能夠掌握戰場上的地形變化，而且懂得運用的人就會贏得勝利。

談判實境

坐對談判位子，自然會風生水起好運來

心法17提到「圓形的桌子比方形的桌子容易達成共識，是因爲比較沒有彼此之別」，所以幾乎每一家仲介公司、汽車銷售、保險公司……都選擇圓桌作爲招待桌，就是因爲這個緣故。但光是這樣還不夠。

有一次朋友買了一間三年的電梯公寓，因爲極度忌諱凶宅，所以有特別要

求過。仲介公司也慎重其事地問過屋主，屋主保證在他們居住的期間沒發生過意外，但聽說在這棟大樓的興建期間，曾經有工人不慎墜樓而喪命，但是是發生在別棟。

事實上，關於凶宅的定義並沒有明確的法律條文；仲介公司經過內部討論後，認定這不是凶宅而未告知買方。誰知道當買方在交屋之前，去測量房間的格局，以便添購家具時，竟意外聽到鄰居說了這段往事，朋友當然氣得暴跳如雷，便找我一起去開協調會。

協調會在仲介公司的代書事務所召開，這家仲介公司屬於地區小型連鎖店，先不談專業形象輸給大型房仲，在很多細節的處理上都不理想。事前我先跟朋友沙盤推演：這個糾紛完全是因爲房仲沒盡到告知的義務，其次我朋友非常明確地表示他不想住這間房子。但是房子已經過戶了，該如何處理呢？

當然，在三方談判下絕不可讓自己成為落單的一方，換句話說，爲了讓仲介公司負起完全責任，必須先攏絡賣方，就算賣方不支持，至少要讓他保持中立，關於這個問題，朋友已在召開協調會的前天晚上跟賣方通過電話，並且達成共識了。

隔天在代書事務所，我本來有點擔心仲介公司會把我們跟賣方間隔成下頁圖中的模式B，沒想到仲介公司完全沒想到，所以大家就自然坐成模式A，從位子上來看就變成買方與賣方聯手對抗仲介。

果然仲介公司已經在理字上站不住腳，協調時更是被買賣雙方聯手修理，最後談判結果是，買方本次應該交付的手續費免收，並且要義務幫買方將房子以原價出售，眞可謂賠了夫人又折兵。

如果當時仲介能跟買方或賣方聯手，其實鹿死誰手都很難說，將來上了法院法官怎麼判也難以定論，所以千萬不要小看談判桌上的座位排列啊！

千萬不要小看座位排列

不論是人際關係、企業經營、教養子女……都有無數的小細節必須觀照，很多時候一旦疏忽了，就會給自己帶來不必要的麻煩。

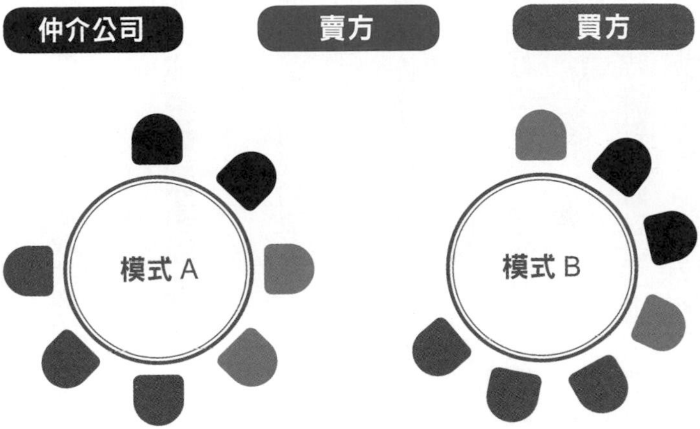

三方談判的情況下，除了事前的攏絡聯繫外，座位的排列也是談判勝出的關鍵點。

談判桌上的風水，其實也跟命理所稱的風水一樣，都是為了讓自己不會在一開始就居於劣勢，這也是學習談判溝通最基本必修的一課。**讓自己不會先居於劣勢，然後再靠臨場的隨機應變，以提高達成共識的機會。**

金額大或影響深遠的協商，要這樣調整風水

商務場合、日常生活中的談判溝通，要如何運用周遭的環境呢？特別是交易金額大、影響層面廣的協議，你更要注意、講究風水：

◆如果附近有鏡子，設法讓對方看著鏡子

你有發現嗎？便利店或零售店面幾乎都會裝上大面鏡子，除了能讓空間感覺變大之外，鏡子還有一個好處。可以讓臨時起意想偷東西的人，因爲看到鏡子裡自己丟人的模樣，而害羞的打消念頭。

同樣的道理，談判時讓對方面對鏡子坐，當對方想說謊或做出違背良心的事，一看到鏡子裡的自己，可能會收斂或是放棄。

◆如果有窗戶，就讓對方面對光線

談判高手都知道，除了要注意傾聽對方，更要觀察他的肢體語言，尤其是臉部表情。就算是很能控制自己情緒的人，也還是會在細微的動作和表情上透露出情緒，譬如說皺眉、抿嘴、眨眼……等。

若是能讓對方朝著光線坐，會比較有利我方觀察他的動作表情，反過來說，因爲我方是背對著光，對方也比較不容易察看到我方代表的神情了。

◆如果有用白板記錄，一定要靠近並主動服務

你知道談判記錄對結果的影響有多大嗎？

中文非常奧妙，一個字就有好幾種詮釋法，同樣一個詞、一句話，兩個人來看可能會有不同的解讀，因此負責作記錄的人就很重要了，寫得模稜兩可和寫得精準，都可能影響結果。所以，談判進行中若使用白板或任何方式記錄，一定要主動服務，不然就是和對方一起記錄，以防對方耍心機，在你專注於討論時，一不注意就漏掉了任何有利於你的論點，結果吃了悶虧。

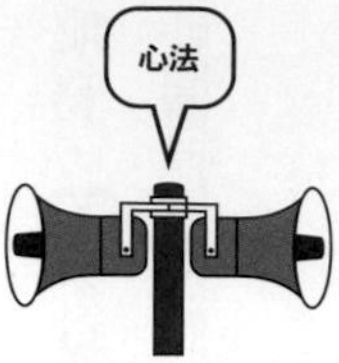

談判最高明的手段就是「看不見的招式」，
在談判桌上注意座位的排列細節，
無形中能讓對方在一開始就居於下風。

25 對方獅子大開口怎麼辦？

談判桌上大家都想極大化自己的戰果，於是各出奇招。萬一遇到對方獅子大開口怎麼辦呢？該不該跟對方硬碰硬？還是虛與委蛇的想辦法套出對方動機呢？

很多時候，問題比你想像的更複雜。

談判實境

原可成就的美事，若太直接點破反而壞事

我看過很多漂亮的房子，擺滿骨董的、歐式奢華的、名設計師的作品……但只有徐教授的房子一眼就讓我心動。白色外牆的透天厝，一進入客廳就被濃濃的南法普羅旺斯風格所吸引，保養得宜的木質地板，加上高雅的花布沙發和窗簾，挑高的客廳中央垂吊著已有歷史的水晶燈，整體擺設協調雅緻，用天作之合來形容水晶燈和裝潢相當合理，因為這客廳要是換上其他燈都不好看，這

水晶燈擺在別處也會黯然失色。

建築本身不用說，屋主本人也讓人更加喜愛這棟房子。徐教授退休前在大學教授法文，給人的感覺溫文爾雅，每次帶看他都很紳士的親自在門口迎接，如果買方沒有開車來，他也會邀對方一起品一杯紅酒。若不是因爲房子位在汐止山區，大概不出三天就會賣掉了。人難免會對自己的喜好表現得積極，所以在我的熱情推薦下，運氣很好的第五組客人看完就出價了。

不過，買方令人難以想像，一對三十出頭的夫妻，竟然買得起將近一千萬的房子而且不貸款。深入聊過之後才知，原來夫妻倆都曾在銀行上班，但先生對股票投資充滿興趣，在七六年就辭掉銀行工作專心投資，而且很幸運地在七八年年底就把股票出清，沒遇上七九年的股市大崩盤。之後夫妻聯袂前往美國進修，這次回來是打算買一間作爲進修度假的第二個家。

買方何先生的價錢出得好，所以很快的就談到接近賣方的開價，後來何先生提出加價的條件，就是客廳的水晶燈要留下來，因爲他和太太都注意到水晶燈讓整個室內增色不少。透過負責本物件的友店學妹向賣方徐教授提出買方的需求，徐教授不假辭色地回答：「多加一百萬，否則免談。」

我聽了整個傻眼，這不是我所認識溫文儒雅的徐教授，難道是我識人不清看走眼了？我沒有馬上把徐教授的回答跟買方說，因爲我感覺事有蹊蹺，還是先搞清楚狀況再說。在跟友店學妹打過招呼後，就直接去找徐教授聊天。

中秋節過後，太陽接近六點就下山了，汐止山區已經起風，一個人騎著機車在幾乎沒有路燈的山路，心裡開始犯嘀咕「爲什麼不約白天來」，不知不覺間已經到了徐教授的家，徐教授照舊在門口等著我。第一次單獨跟他面對面心裡其實很緊張，但他彷彿看穿我的心事，不跟我談水晶燈卻聊了很多和過世太太的往事。

從大學如何認識，中間各自出國念書，回到台灣又在同一所大學任教再續前緣，這房子的點點滴滴都是太太設計的，三個孩子長大有了自己的生活，這房子就剩下夫妻兩人住。徐教授遲遲不提水晶燈，我心裡十分著急，但想到出門前店長囑咐的話：「高明跟聰明的差別是，前者懂得閉嘴，因為很多事說破了就走味了。」只得耐心的等下去。

徐教授接著說，三年前一場車禍帶走太太，剩他一個人孤獨的住在這裡，陪伴他的就是太太生前留下的一切，特別是那盞水晶燈。那是婚後不久他去義大利出差，夫妻倆在一家店裡看到，以當時的薪水還眞買不起，但兩人牙一咬就把這盞燈帶回台灣。

教授是個性情中人，十分感性地說了這段故事，他本人沒掉淚，倒是我聽得頻頻拭去眼角的淚水，當下也完全明白了「一百萬」的意思，但又怕自作多情，心裡猶豫著應該如何確認才好。不料——

「林先生麻煩你跟買方說，如果他們答應不改變房子的現況，而且願意讓我偶爾回來看看，那麼房子就賣他們，客廳的水晶燈也請他們好好珍惜。」說完便往房間的方向走去，在昏暗的燈光下，我似乎看到了徐教授在擦眼淚。

當對方獅子大開口，先搞清楚他的動機

談判時遇到獅子大開口的機率不少，有時候是對方以爲時機有利於他，便乘機大撈一筆。也有本人其實搞不清楚狀況，隨口亂喊價。單純虛張聲勢、亂丟煙霧彈

的也大有人在，甚至可能遇到超乎你想像的情形。

但不論是什麼狀況，先搞清楚對方的動機，或許事情就像徐教授那樣，其實不是不同意你開的條件，而是在等待被鼓勵或找下台階。所以，遇到對方獅子大開口，也不要輕易放棄，或被情緒綁架了，先穩定心情，把情況理清楚再看下一步怎麼走。

寵物咬傷人，對方乘機揩油要這樣應付

談判進行時不怕對方獅子大開口，反而要怕對方不開口。因爲對方只要提出條件，就有基礎分析出他的想法和底線。通常對方會獅子大開口不外乎兩個動機：1很有把握，覺得自己占據優勢，2.虛張聲勢以攻爲守。只要事前先調查，研判情勢後即能了解對方的動機，並據此來採取對策。

◆在對方占優勢的情況下，你可以採取以下對策

1.創造認知不協調

當你胸有成竹的獅子大開口，原本以爲對方會驚慌失措，沒想到對方卻老神在

在，甚至露出看穿你的計謀的微笑，你會作何感想與回應？想通了，你便會知道怎麼運用這一招。

2.假裝悲情博取同情

如果你是個能演能說的人，不妨試試苦肉計，若是無法激起對方的同情心，就讓對方以為達到目的，這也可以說是「詐降」。等對方態度鬆懈之後，再找機會逆轉勝。

3.請對方說清楚講明白

談判中所開出的條件大多都有依據，而不會看心情漫天喊價。想要說服對方，你應該心平氣和地將所開出的條件是怎麼計算得出的，從頭到尾向對方說明一遍，這樣對方也就比較能聚焦在解決問題上。

◆當對方是虛張聲勢時，你可以採取以下對策

1.泥菩薩不動如山

如果對方的經驗很豐富，你就微笑回應，或用單音語助詞喔、嗯、哇……回應，語調盡量保持冷靜平淡且不帶感情。是老手的話就會知道已經被你給識破，而會回歸基本面，繼續談判。記住，不要急著戳破對手，給彼此留顏面，有助於談判順利進行。

2.以牙還牙，加倍奉還

如果對方的經驗不足就不用客氣了，既然是虛張聲勢就表示其實很心虛，加上經驗不夠，很容易自亂陣腳，所以遇到這種情況就把對方提出的條件加倍要求對方退讓，並且要堅持立場、態度強硬，好讓對方不攻自破，開創出有利我方的情勢。

對方獅子大開口，比完全不說話更有利於談判進行。

26 當對方張牙舞爪、語帶威脅時

許多只想到自己利益的人，總是對以和爲貴的想法嗤之以鼻，其中更有人十分肯定「兇」才是最有效的談判對策。萬一你不幸遇上這種張牙舞爪的人，你覺得應該怎麼來應付，以牙還牙嗎？

談判實境

對付無理的人，先引對方說出條件才有可能談下去

中古屋買賣的交易糾紛通常都不好處理，我就遇過一個令人爲之鼻酸的案例，至今印象深刻。

買方謝先生大學法律系畢業後，前往美國深造取得法學碩士學位，不少政治人物、律師、法官、檢察官都是他的同學或學長學弟，才四十多歲就當上一家銀行的法務長。駿遙形容這個人看房子完全不聽人說明，或者不斷的挑人語

病，說起話來不是尖酸刻薄，就是語帶威脅。駿遙更強調自己從來沒遇過這麼討厭的人。

還好第二次帶看，謝先生就付了斡旋金。物件是靠近大湖公園的透天厝，總價兩千七百五十五萬，案子是雄哥負責的。聽雄哥說，屋主姓于，是一對白手起家的夫妻，兩個人買透天厝的目的，是爲了讓年邁的母親能夠享受有天有地的環境，沒想到還沒交屋母親就往生了，令他留下不小的遺憾。

更沒料到的，此後厄運接二連三，有個認識超過三十年，曾經幫助于先生創業的朋友，因爲想擴大事業版圖急需資金兩千萬，便請他幫忙擔保，沒多久這位朋友竟然失聯下落不明，讓他無端背上兩千萬的債務。接著，一把無名火燒了他的工廠，把即將交貨的產品燒個精光，保險理賠不夠支付客戶的賠償金，不得已只好抵押房子，但因爲銀行貸款已經達到上限，只好冒險找民間二胎抵押設定。

這一連串事故，讓于先生被迫出售房子來還銀行貸款和民間二胎，有關房子的產權資料都清楚的記載在產權說明書上，駿遙也跟買方謝先生說了，謝先生當場沒表示意見，誰知道……。

簽約當天，在代書事務所才坐下來，謝先生竟然大聲咆哮，一會兒指責駿遙沒解釋清楚讓他誤解，一會兒又說他擔心賣方會不會拿了錢就跑了，結果讓他無端背上兩千多萬的債務，然後又說，他對公司委任的代書不信任，堅持要用自己認識的代書。

當天負責的代書是業界公認脾氣最好的鄭代書，連他都忍受不了暫時離開了。衆人面面相覷，無法想像一個留美的法學碩士，一家知名銀行的法務長，怎麼會如此無理取鬧、顚倒是非?!

駿遙眼看安撫無效，兩手一攤表示自己已無計可施，一切隨雄哥的意思，要怎麼收尾他都能接受。雄哥其實也沒把握，第一次遇到這種高級知識分子耍流氓、耍無賴，這絕對不是百試有效的搏感情可以解決，只能且戰且走，放手一搏。

「謝律師，我了解您的苦衷了！」雄哥是賣方經紀人卻說出這種話，其實有失立場，但這句話卻起了效果，因爲買方接著說：「終於有人說公道話了。」但語氣還是非常的惡劣。

「您是個律師，又在銀行擔任連老闆都要請教您的職位，我相信您一定想好了最佳處理方案。」雄哥這招十分高明，先認同對方，停止爭執，再以恭維讚美引蛇出洞，唯有讓對方把條件說出來，雙方才有可能針對條件來談。

這方法果然奏效，「還是陳先生明理，其實這房子我也不是眞的非買不可，只是既然出價了，屋主也同意了，身爲法律人就要遵守契約精神。」對照他方才的蠻橫不講理，再聽他說這些話感覺格外諷刺。

買方繼續說：「因爲這房子的產權有非常大的問題，對我而言十分沒保障，屋主若是願意先把貸款清償後，再過戶，我願意將所有的費用一次付清。」總算圖窮匕見露出狐狸尾巴來，原來他打著零風險的算盤，苦天下人只爽他自己。

雄哥既然知道他的目的，遇到這種人似乎也得冒險才有機會扭轉，心裡一橫決定拚拚看。「謝律師您剛剛一直強調，駿遙從頭到尾都沒跟您提過這房子的產權狀況是嗎？」買方很果斷的點頭。

雄哥接著說：「但您可能不知道，公司規定在案子進行的過程中，爲了避免不必要的糾紛，跟客戶接觸時都一定要留下書面紀錄和電話錄音。」不等雄哥說完，買方氣急敗壞地說：「你們未經我的同意擅自錄音，到法官那邊，這種證據是無效的。」

「您的確比我們了解法律，但就算錄音不能作爲證據，但我們還有實體紀錄，法官到時候未必會判您贏。但不論輸贏，這件事一被公開，對於您在職場的發展一定會有影響。」雄哥說得雲淡風輕，其實心裡七上八下，因爲公司根本沒錄音，駿遙也未必會將這些事記下來，但雄哥若不虛張聲勢，面對這種客戶可能只會一再拖延，對無辜的屋主十分不利。

買方臉一陣青一陣白，雄哥看情勢正好，見好就收地說：「謝律師您放心，鄭代書早就針對這個狀況設計好一套保全您權益的作法，一定不會讓您吃虧，保證做到公正客觀，容我再請鄭代書來跟您說明好嗎？」買方無力的點了點頭。

雄哥想了想，再補一句：「您們律師界赫赫有名的陳律師，是我父親的同鄉好友，從小就告誡我『一個人的能力越強，人品也要跟上，否則會為自己帶來災難。』我一直把這句話放在心上，時時提醒自己。」說完就對謝律師投以微笑的離開了。

不要被對方的態度迷惑，要先搞清楚實際目的

確實，這個世界上，並不是每個人都會跟你講道理，尤其是對付無理取鬧的人，訴諸道理只是自討苦吃，甚至會淪爲別人眼中的笑話。越懂得靈活運用談判溝通的五大模式：説之以理、動之以情、誘之以利、威之以嚇、阻之以害，就越能和對方達成共識。

無端惹禍上身時，先看清對方是眞的鬧情緒還是裝裝樣子

對方看起來情緒失控，不見得是眞的失控，先搞清楚對方失控的原因，找出問題的癥結，並根據事由與對方的性格特徵來處理。

◆如果對方採用情緒失控的伎倆，而且指責的事情根本子虛烏有

對方或許只是借題發揮，千萬不要中計跟他吵起來。因爲對方可能刻意用障眼法，來掩飾不利於他的事，這種情況下，保持冷靜，靜觀其變會是最好的方法。

◆如果對方採用情緒失控的伎倆，而的確是我方錯在先

或許對方只是借題發揮，企圖達成目地，千萬不要慌張。保持冷靜用平緩的語氣告訴他，你願意誠心誠意地與他溝通，會盡量做到雙方都滿意。萬一對方還是不聽，繼續張牙舞爪，你還是要保持語氣平和，告訴他你已經展現最大誠意，如果他還是不肯接受，後果將由他來承擔。如果對方是故意失控的話，談到此多半都會知難而退適可而止。

◆萬一對方真的情緒失控，而且指責的事情根本子虛烏有

既然如此就不要隨對方的情緒起舞，糾纏不休，一樣保持平緩的語氣告訴他，再另約時間討論。

◆萬一對方真的情緒失控，而的確是我方錯在先

道歉並不等於讓步。該道歉時，就不要死鴨子嘴硬。當對方情緒失控時，任何的讓步他一定都不滿意，換句話說，要把子彈用在對的地方，把條件發揮在對的情況下。總之，在對方情緒失控時，與其談條件一定會輸。

心法

絕對不要在對方張牙舞爪的時候談條件。

27 先發制人不一定就會占盡優勢

每個人的談判方式都跟個性有很大的關聯，通常自我感覺越良好的人，態度上會比較高傲也偏愛先下手為強，在談判一開始就會用氣勢逼人。在很多場合利用這種方式的確能產生效果，但談判桌上最有趣的事情是，永遠沒有一招走遍天下這回事。

談判實境 對待討厭的客人，不尊重對方，失禮的是自己

魔法店裡的小公主又生氣了，「下次我再也不要帶看這種買方了！」婷翡口中的買方是一位計程車司機顏先生，不僅車子老舊坐起來不舒服，對方又抽菸又嚼檳榔的，可想而知跟小公主絕對是「風格不合」。

另一方面，讓婷翡讚不絕口的是屋主賈先生，是一家知名直銷公司的藍鑽，身材高䠷約有一八〇，看起來比實際年齡還小，四十歲就像三十五歲，而

且穿著品味一流，談吐更是幽默風趣，自然是輕輕鬆鬆就擄獲小公主的心。

本次的物件是賈先生作投資用的，因為住家就在附近，只要有空就會來看看銷售的狀況。這天剛好遇到婷翡帶顏先生來看屋，聊了幾句後，能言善道的賈先生自發性地介紹起房子來，由於職業的關係不免加油添醋，看屋的顏先生完全不感興趣，也不等他說完就要走，讓婷翡感到很對不起賈先生。

聽完婷翡的抱怨，不難理解她會對顏先生這麼感冒了。駿遙聽了還取笑她小心墨菲定律。果然三天後的傍晚五點左右顏先生出現了，而且指定婷翡帶看賈先生的公寓。儘管百般不願，婷翡還是乖乖的再次帶看，沒想到才抵達不到五分鐘，賈先生就出現了。

這天他穿著白色Polo衫與白色紳士短褲，夕陽餘暉恰好落在他黃金比例的臉龐上，全身散發出一股難以言喻的成熟魅力，令小公主婷翡看得入迷。在發呆多時後，她才聽到買方跟屋主的對談。

「我跟你說啦！這房子很多人喜歡，我幾個親戚和朋友都在問，我賣也可以，租也可以，就是不賠售，所以你不要跟我談價錢。」這聲音是賈先生的，只是他怎麼自己跟買方談起價錢了？雙方沉默了快一分鐘，顏先生才淡淡地說了一聲：「喔！」

屋主可能以為買方被他這番話影響了，接著繼續說：「這旁邊是國中預定地，將來還會有北二高的交流道，以後增值的空間非常大。」一邊說一邊加大肢體動作，企圖讓買方認同他說的。不過顏先生仍淡淡地說了一聲「喔！」然後接著問說：「你可以保證這不是海砂屋或輻射屋吧！」那一陣子新聞沸沸揚揚，大家都很害怕遇到，但檢測費用不便宜，有些買方會自費檢測以求安全。

沒想到屋主的回答是：「這房子當然不是海砂屋更不是輻射屋，但我不可能跟你保證。」也許賈先生認定買方連續看了兩次應該很喜歡，姿態上就比較高而且語氣明顯不耐煩。婷翡很擔心這位抽菸嚼檳榔的計程車司機會跟屋主吵起來，沒想到他還是淡淡地說了一聲「喔！」就沒再表示意見。

屋主見顏先生沒反應便走到他旁邊，用小到他以為只有顏先生能聽到的聲音說：「這房子再過十天委託就到期了，不如我不要續約，少了仲介費價格就好談多了。」屋主以為神不知鬼不覺，偏偏順風把他說的每個字都清清楚楚的吹進婷翡耳裡，頓時間在她的心底浮現雄哥一再提醒的「越完美的表象，內心的疑問要越多」。

婷翡感到一陣絕望，因爲她認爲買方一定會接受提議，沒想到顏先生卻說：「除非是透過沈小姐，我不會跟你買這個房子。」買方斷然拒絕讓屋主非常尷尬，買方接著轉頭跟婷翡說：「聰明不一定是好事，自以爲聰明或喜歡耍小聰明，肯定是壞事，要懂得大智若愚的智慧。」然後轉頭對屋主說：「我考慮看看，再請沈小姐跟你聯繫。」就很瀟灑的跟屋主揮手再見。

回到顏先生的車上，婷翡仍一頭霧水，對方也不急著說明，大約五分鐘後才打破沉默說：「沈小姐妳知道我為什麼信任妳嗎？」婷翡想了一下，搖搖頭。顏先生接著說：「因爲從跟妳接觸，妳就不喜歡我，而且很明顯。」婷翡聽了很不好意思的把頭低了下去。「不過因爲妳不喜歡我，所以我知道妳不會騙我。」這話讓婷翡更是一頭霧水了。

「我本來有五間工廠，但我相信專業經理人就交給總經理管理，專心於產品的研發，而總經理就跟賈先生一樣，人模人樣能言善道，公司的人都很喜歡他，就算我有疑慮，他也可以先發制人的說服我，於是我完全信任他。」

「結果，他勾結外人又作假帳，我的五間工廠最後剩下一間，最慘的是，我告也告不贏他，因爲他太專業太會演了。那段時間我很痛苦，對人性完全絕望。所以我偶爾會開開計程車，藉此來接觸各種不同的人，跟他們聊天重新認識人，而妳的不演讓我知道妳不會騙我。」

「賈先生的房子非賣不可，因爲他以爲自己先發制人，其實反而暴露了他很急，所以我等一下會給妳一個價錢請妳去幫我談，我相信以妳的能力一定可以談下來。」

「還有，雖然我說因爲妳不會演所以相信妳不會騙我，但做業務的，還是要尊重客戶心裡的感受。」

先發制人反而容易曝露自己的目的

談判桌上難免會遇到對方急著搶白的時候，如果對方說得你半信半疑不知該不該相信，那就不要急著做判斷，讓對方繼續說，常常是「說越多就越容易曝露自己的弱點」。遇到作風強勢的對手，而且你無法明確判斷時，不要急著反制，將計就計，讓對方自己露出馬腳，很多時候事緩則圓。

賠償、道歉的談判，這樣看情勢調整對策

在與學員分享談判對策時，「時機點的掌握」是最難言傳的，但仍有些依據可參考。想要取得先機，可用以下原則，同時配合現場情況來掌握情勢：

◆什麼時候要先發制人？

1.我方掌握優勢，而對方還沒準備好或實力懸殊

上一次換新車，我故意挑了月底前往，也先上網把該了解的資料都準備好，到了汽車展示中心接待我的業務，率先採取哀兵政策，說她是新進的業務……這簡直就是天賜良機，我自然是先發制人的掌握這場交涉，果然談到了還不錯的價錢。

2.我方居於劣勢，而且不了解對方的虛實

這種情形下可以先投石問路或打草驚蛇，目的是爲了了解對方的虛實，所採取的打帶跑方式，再看對方的反應來決定接下來怎麼做。

◆什麼時候要以靜制動？

1. 我方掌握優勢，但不了解對方的虛實

有一次陪朋友去談案子，雖然我方相對優勢，但聽說對方找來了「有力人士」出面協調，因為不清楚實際狀況，這種時候就寧可等對方出招，再來選擇因應之道。果然對方請來幫忙的人夠分量，如果我方硬碰硬就算贏了也會很辛苦，乾脆就做個順水人情給那位有力人士，藉此機會與其建立交情。

2. 雙方旗鼓相當

談判桌上最常遇到這種狀況，比賽看看誰沉不住氣，先出招的人就等於是給了對方提示或線索。遇到眞正的高手，就算你用聲東擊西的方式，對方也可以分辨得出來。

3. 我方處於絕對劣勢或理虧

有個朋友不小心開車撞到人，所有的跡象都顯示錯在他，還好對方傷的不嚴重，我建議他應該在公開場合誠摯地道歉，讓對方感受誠意，至於賠償的條件先不要主動開口。

如果對方沒打算乘機撈一筆，看到肇事方很有誠意多半不會提出太離譜的數字。萬一對方藉機獅子大開口，也會因爲你已展現誠意，在「情」上站得住腳，接著從情延伸戰場到「理」上，對方就算想大敲一筆也不容易。

反觀很多談判者，明知自己理虧還企圖在氣勢上壓過對方，萬一遇到高手或對方的背景很強，結果一定是慘不忍睹。

先嗆聲的不一定是強者，也不一定有利可圖。

第四章

解開膠著的局面

28 針鋒相對過了頭？放軟身段重啓談判

能夠控制自己的情緒，才有機會控制別人。

當有人問我要如何準備談判，我都會告訴對方先把希望達成的目標寫下來，不管發生什麼事一定要堅持下去往目標前進。如同唐三藏取經，不管遇到鐵扇公主還是牛魔王，或是取經團隊如何內鬨，衝突不斷，最重要的是完成取經任務。

談判實境 不要被情緒主導，鬧得不歡而散

房屋仲介因爲交易的金額較大，因此遭遇的客人多半都已累積一些社會經驗，不少是公司主管或本身就是老闆。我就遇過這麼一個傳奇人物，林總年輕的時候當過報社記者，再轉到銀行上班，後來自己開建設公司，但因爲蓋房子不老實，在公共設施面積上灌水，被住戶們群起怒告法院，最後弄得公司破

產。然而野心勃勃的林總並未因此氣餒，改當起代書並自行籌措資金，等待東山再起。

那次接觸就是林總打算賣掉他手上的房產，這個案子還眞讓我吃盡了苦頭。通常投資客持有的房子賣相都不差，只不過價格上落差比較大，需要花比較多的時間議價，但林總脾氣很壞，常把我罵得狗血淋頭，當時壓力大到承受不了，好幾次想辭職。

那時候我才二十出頭，在自我情緒掌控上不夠成熟，面對林總的怒氣，常常忍不住跟他對嗆，甚至嚴重到讓林總把資料全部撕爛丟還給我，還用三字經大罵，叫我不要再來議價。幸好當時店裡調來了一位友店的學長，聽了我在業務會議上報告這個案子的狀況後，私下找我聊聊，告訴我他所認識的林總。學長之前也賣過一間他的房子，但一向和氣、親切的學長並不像我那樣和林總對嗆，所以能取得林總的信任，更向他透露自己的秘密。

原來林總的母親因受不了父親家暴，在他三歲時自殺了，沒多久父親再娶繼母。繼母在卡拉OK上班，個性非常強悍，跟父親兩天一小吵，三天一大吵，就是這樣的成長環境，造成他的性格扭曲，遇到爭執不下的溝通困境，就會用父親的方式處理。

而且童年時窮怕了也讓他對金錢產生無窮的欲望，欲望就像一面哈哈鏡，映照出的一切事物都會是扭曲的，所以人在追逐欲望時，才會失去理性。

林總儘管知道自己的問題，並且主動尋求心理治療，但一直斷斷續續沒有很大的進展，曾經事業有成，家財萬貫，但在光鮮亮麗的外表下，仍敵不過情緒的魔咒，經常無預警的暴衝。

遇到這種外強中乾，表面強硬，內心脆弱的人，絕不能硬碰硬，否則只會自討苦吃。多一點同理心，設法理解他的內心和堅持，就有機會達成協議與完成目的。

少一點火氣，多去理解對方的心和爭執點

可以用這句話來形容林總——「最強大的心不是不怕挫折的心，而是死掉了又

活過來的心，才是最強大的。」面對這種死掉都可以活過來的人一定不能對嗆、對幹，要先想清楚，你是來吵架？還是來解決問題？然後抓緊唯一重要的「目標」，避免淪爲情緒的傀儡。當不小心擦槍走火，爭鋒相對過了頭，居於尊重對方是客戶的立場，先放軟身段，換個思考法，多一些同理心，通常能挽回破局，重新回到談判桌上。

教導、責罰孩子時，先管好自己的情緒

遇到無理取鬧或是對方存心挑釁，情緒管理再好的人都很容易失控，特別是對方相對弱勢或對你有所要求時。比方說，父母對孩子的行爲感到不滿，就可能出現這樣的交涉場面，面對這種情況，你的目標應該放在「導正孩子的行爲」，做法上則要讓孩子心悅誠服，你可以這樣處理：

◆先想清楚什麼是最重要的

孩子犯錯被發現時，很少會馬上道歉，反而會因爲狡辯而惹得父母不高興。當你在問話時，要先釐清你的目的是希望他下次不要再犯，而不要被不懂事的孩子牽著走，請記住「在對的時間，做對的事」。引發親子大戰，就算孩子被迫低頭了，他仍然不清楚爲什麼會被罵，你想處理的問題當然也沒解決。

◆不要把自己的面子看得太重要

在父權社會下，男孩子從小就不斷地被灌輸「爭一口氣」「輸人不輸陣」的觀念，不知不覺間養成了好勝、愛面子的個性，不少人更是把面子看的比什麼都重要。不管是在商場上或是教育孩子方面，有時候先拋開自尊和面子問題，以自我解嘲的方式，反而能從僵持中扳回一局，懂得能屈能伸才是眞正的談判高手。

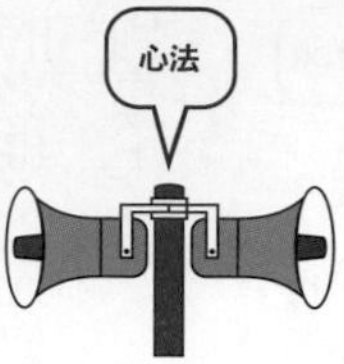

談判進行中不要讓自己的情緒噎住自己，萬一氣不過，僵持對峙時，要能屈能伸。

29 抬出黑臉或多繞幾個彎，創造折衝再議的機會

談判桌上的捉對廝殺好比玩撲克牌的梭哈，拿了一手好牌並不等於會贏，拿到壞牌也不表示一定就會輸，只要擅長心理戰，在一推一拉之間探究虛實，再壞的局也有機會取勝。

談判實境

鄰居、親友、同事間的爭端，多繞幾個彎來解決

安淇的阿姨想把台中公益路一間三十七坪的電梯公寓賣掉。剛好安淇和梓宸結婚後一直想換成大一點的房子，最近安淇懷孕了，他們想換房子的念頭就更加強烈，而阿姨的房子不論坪數或環境都很符合需求，難就難在阿姨想賣比

較高的價錢。

安淇曾經試探阿姨有沒有可能降價，但阿姨很堅持，安淇很怕因爲議價而傷了感情，心裡非常苦惱，於是請教了在房屋仲介當業務的同學柏鋒。

柏鋒聽完安淇的敘述後很義氣的答應幫忙，並且拜託其他同事支援，雙頭並進效果會更好。柏鋒先找了一位跟他最要好的同事，假裝要幫阿姨賣房子，但在估價時故意提出比行情每坪低三萬的價錢，企圖讓阿姨修正對「市場行情」的認知。

接著柏鋒再以最近剛買房子的朋友身分，陪安淇夫妻去看阿姨的房子，除了告訴阿姨她開的房價比行情貴很多，應該不容易賣掉，還把房子批評了一番。阿姨當場火冒三丈，大罵柏鋒不懂，安淇和梓宸順勢馬上跟阿姨道歉，並當起和事佬，儘管阿姨很生氣，但對於價格上也有比較清楚的想法了。

過了兩天，安淇和梓宸再發動溫情攻勢，除了感謝阿姨從小到大對她的照顧外，也坦誠表示資金有限，同時保證一定會像阿姨一樣愛惜這間房子，並希望阿姨常回來玩。有了前面兩波的價格修正後，加上安淇夫妻動之以情，阿姨便不再堅持，願意用合理的行情價賣給安淇。

不想打壞關係，就大玩心理戰吧！

各位還記得「心法06」的柯教授嗎？身爲心理學教授，自然是玩弄黑白臉對策的高手了。在那個案例中，柯教授在我面前扮白臉，私下卻向買方放出假消息，要不是有其他鄰居看不下去，我仍被蒙在鼓裡。

像柯教授這樣的雙面人，不只是職場，社會上每個角落都有，他們深知黑白臉的操作技巧，不知情的我們還會感激他們，總要等吃了大虧才會醒悟。

話說回來，有時候爲了不想打壞彼此的關係，例如對象是親友、鄰居或同事時，懂得運用身邊的資源，找第三人來敲邊鼓，並且知所進退，多繞幾個彎也是不錯的方法。

推動新方案、管理人員時，可運用彈性做法

記得我人生頭一次晉升主管那一年，懵懵懂懂也沒人告訴我主管應該如何分

工？如何管理下屬？而且一時間還脫不了基層業務的外衣，很常幫著業務跟主管講情。

有一次公司推出的專案成績不是很好，經理要求我對下屬施壓，我竟然又爲下屬請願了起來，經理十分不高興地大罵：「你不當黑臉，難道要我去當嗎？」

雖然是一段不值得一提的往事，但我想藉此來告訴各位，不只談判桌上會用黑白臉的心理戰術，管理方面也常會用到，那麼應該怎麼來運用黑白臉呢？

◆黑臉不等於製造衝突

很多人誤以爲黑臉就是要動怒、發脾氣，事實上，「黑臉」眞正的作用在於，堅持原則而且不容轉圜，目的是要做球給白臉，以開創出白臉可與對方折衝談條件的空間。這也可以運用在家庭教育上，嚴父、慈母，一個緊、一個鬆，比較有發揮的空間。

◆一個人也能勝任

懂得善用身邊的工具，一個人也能爲自己創造談判空間，譬如說事先準備好文件、新聞簡報、調查報告、數據……等，用這些資料作爲堅持立場的後盾，就可以進退有據。

◆加大反差效果會更好

當你的對手看起來經驗老道、很難搞，在進行談判時，就算對方百般刁難讓你覺得討厭，你應該也早有心理準備會是這種結果。

但如果對手是個溫柔、柔弱的女性，一上談判桌上卻變得固執己見、毫不讓步，而且情緒和言詞都相當尖銳，你會作何感想，又會怎麼反應？

請想一想上述這兩種狀況哪一個會讓你更心煩？哪一個比較容易逼你讓步？

大部分的人應該都會回答：「看起來很溫柔、柔弱的女性」這就是心理學講的反差，我要說的是，請各位不要讓自己的角色太固定了，盡量做到令對方猜不透，勝算就越大。

◆運用職場層級與監督

就我所知道，不少中小企業的老闆都有兩張名片，一張印著眞實身分董事長或總經理，一張則專門拿來談生意用，職稱是經理，有些甚至沒職稱。在談新的合作案時，使用經理的名片，在必要的情況下才能端出更高階主管作擋箭牌。除了這種方式外，其實也可以利用法務、稽核、財務這些監督審核的部門來折衝，創造再討論的彈性空間。

心法

在談判桌上要讓黑臉發揮最巧妙的槓桿作用。

30 心如鐵石的人，也會有在意的攻防點

比起心浮氣躁，性格成熟的人的確更有機會取勝。不過，只要是人難免都會有情緒，再怎麼穩重不動如山，藉著細微的觀察力和耐心一定能找到被掩藏的缺口，而攻其不備。

談判實境　想到寶寶的笑容，鐵石也會被軟化

過完農曆年回來上班後，齊昌的手氣旺的不得了，先是汐止的套房被婷翡賣掉，再來是賣掉駿遙和雄哥的兩間公寓。上個星期六，一對二十出頭的夫妻看了他經手的套房，今天還特地請假要帶爸媽來看第二次，看起來這個案子很

有機會冒全泡。

有經驗的業務會在帶看房子時，與客戶閒話家常，不只拉近彼此的關係，也是在收集重要情報。梅先生跟太太是高中同學，交往了十年，去年終於結婚，先生在國際連鎖速食店當店經理，太太則是國小老師，生活相當單純。通常如果不是父母出錢買房，只要孩子自己喜歡，父母大多不會有太多意見，因此在送走父母後，小夫妻就跟著齊昌回到店裡商談購屋細節。

魔法店一向友愛，每個人都希望齊昌這個案子可以更加順利，雖然店長和雄哥不在，仍自動發揮團隊分工，全力支援，從店裡熱鬧的氣氛即知，大家都認爲齊昌一定可以順利收到斡旋金。

沒想到二十分鐘、三十分鐘、四十五分鐘過去了，齊昌的笑容不見了，三月的冷天，齊昌卻一直擦汗。秘書學姊離洽談桌最近，最了解進展，我於是趁著學姊到茶水間倒水時，偷偷問她狀況，原來買方出了價之後一毛都不加，不管齊昌好說歹說就是無動於衷，難怪齊昌會急得冒汗。

齊昌是遇到高手，還是遇到不懂行情的人呢？大家一籌莫展，只能在一旁乾著急，這時雄哥回來了。大夥不讓雄哥喝口水就先把他拉進會議室，快速簡報狀況，雄哥也認爲有些反常，決定先觀察。

雄哥假裝若無其事地觀察了六分鐘之久，然後走到洽談桌，先徵詢客戶同意後便坐了下來，開口第一句就說：「恭喜梅先生梅太太要當爸爸媽媽了！」這突如其來的祝賀讓梅太太害羞得臉都紅了，連不動如山的梅先生都顯得有些不知所措。

雄哥沒解釋爲什麼知道梅太太懷孕了，反而和客戶聊起自己第一次當爸爸的心情和糗事，馬上把尷尬的氣氛轉成喜悅愉快，客戶還請教雄哥不少「爸媽經」。

雄哥一看時機成熟，話鋒一轉嘆了口氣，感慨自己當初沒有先買房子搬出爸媽家，孩子出生後常常半夜哭鬧吵到老人家，雖然感覺不便，但因爲孩子還小搬家不方便，就一直擠在小房間直到孩子兩歲多了才搬家……

梅先生當然聽懂雄哥的暗示，輕輕拍了雄哥的手腕，雄哥馬上交代齊昌一定要努力幫小寶寶買到這間房子，讓小寶寶一出生就有新房子住。

當對方不為所動時，先想辦法影響對方的心情

當對方不為所動，以逸待勞時，若不懂得先影響對方的心情、引導對方的情緒，越努力只會越加深自己的挫折感，最後精疲力竭，對方於是輕而易舉的順勢收割。

雄哥觀察到梅太太懷孕了，充分運用同理心，巧妙的點出買方心裡最在意的事，進而觸動買方的情緒，讓買方做出對雙方都有利的決定。談判沒有標準的應對公式，只有當下最適合的方法。

請房東修理房子或調降租金，你可以這樣做

當我方提出的要求對方並不想理會，或是威脅不來時，譬如說百物齊漲就薪水和銀行利息不漲的年代，你希望房東調降租金，或是壁癌嚴重，希望房東快快找人來處理，重新貼好壁磚等。大部分的房東在面對這些狀況時，都會祭出拖延戰術。對付這種以逸待勞、以靜制動的對手時，如果不能搔到對方癢處，沒有踩到對方的

痛處，很難撼動對方。我們除了多收集資料，積極尋找能讓對方同意協商的痛點外，還能夠做哪些事來改變以達成共識呢？

◆曾參殺人

任何謊話連續說了三次就一定會有人相信，更何況是事實。當對方不相信你的說詞，你除了要不厭其煩地再三強調外，更要發揮波浪式的說服，一波又一波地拿出證據，直到對方有反應或改變態度。

◆圍魏救趙

這是《三十六計》當中的第二計，意思是任何人心裡都有一條絕對不可攻破的防線，可能是某個人、某件事或某種感覺……總之，是對方絕不會讓步的攻防點。

如果你找到了這個攻防點，就可以用此爲條件來撼動對方。因爲是對方最在意的事，勢必一定會有反應，無法繼續老神在在，不爲所動了。

◆最後通牒

最後通牒通常是故意破局前的預告。如果我方處於相對優勢，而對方非常堅持自己的條件，那就給對方期限，過了這個時間就免談。其目的是要利用時間壓力來逼對方讓步或表態。很多店家都會利用「限時搶購」「打折到幾月幾號」這種最後通牒的技巧，來逼出消費者的購買欲。

◆故意破局

當最後通牒的時限到了，談判當然就破局了。基本上會祭出這種手段，本意是要逼對方讓步與攤牌，但往往會因爲雙方面子掛不住，弄假成眞，最後兩敗俱傷。除非不得已，最好不要輕易使用，寧可透過其他方式來求同存異。

在談判桌上堅持比努力更重要，該衝突的時候就勇敢出擊。

【結語】

空有武林秘笈還不夠，常練習才能招招命中！

我不是武俠小說迷，但很喜歡分析小說中武林高手的絕技與心態，不論是《笑傲江湖》的令狐沖、《倚天屠龍記》的張無忌，還是《射鵰英雄傳》的郭靖，這些主角不只揉合了各門派的功夫，對自我人品的要求也在衆人之上。小說、電影、連續劇都是人生的縮影，就像棋譜，把觀察劇中人物的情緒轉折和處世應對術當作是在分析棋局，找出其中好的對策和記住壞的示範，就是在爲自己的下一個戰場儲備戰鬥力。

談判絕對不是玩心機、爾虞我詐，更不是膚淺的耍嘴皮子，在這本書裡面提到的許多觀念與技巧，都不是一時片刻就能隨心所欲地操作。必須藉由日常生活中多與人接觸溝通、磨練心性、不斷的反省、經常動腦思考、自我要求精益求精……才能在談判進行時將情勢導向最好的發展，並且爭取到你要的結果。不過，就像書裡一再強調的「沒有永遠不敗的招式」，如果有一天你感覺自己很會談判了，就表示你開始退步了。學習沒有終點，談判技巧的磨練也是如此，最後想與各位分享幾個觀念，一起共勉——

◆把談判看作是溝通表達的訓練

◆多分析和思考策略，以提高談判技巧

◆利用建立人際關係，來磨練交涉協商的說詞

◆談判的目的不在爭執輸贏，而是希望你能學會爲自己爭取，使人生更美好

談判講究的不是技巧而是整合的藝術

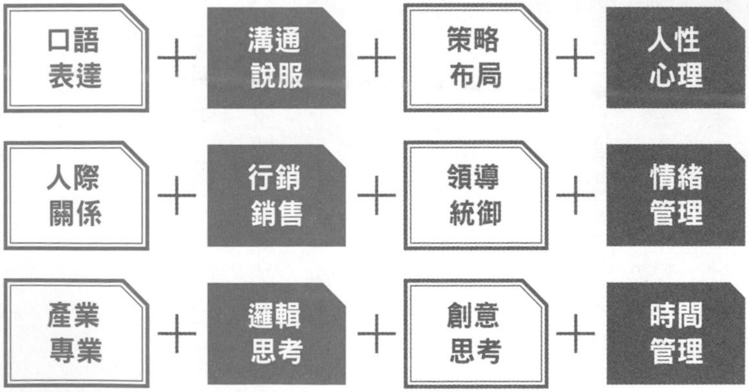

The Eurasian Publishing Group
圓神出版事業機構
用心與你對話・視野無限寬廣
如何出版社
Solutions Publishing

http://www.booklife.com.tw　　reader@mail.eurasian.com.tw

Happy Learning 144

30個看穿人心的談判魔法，讓對手聽你的

作　　者／林家泰
發 行 人／簡志忠
出 版 者／如何出版社有限公司
地　　址／台北市南京東路四段50號6樓之1
電　　話／（02）2579-6600・2579-8800・2570-3939
傳　　真／（02）2579-0338・2577-3220・2570-3636
郵撥帳號／19423086　如何出版社有限公司
總 編 輯／陳秋月
主　　編／林欣儀
專案企畫／賴真真
責任編輯／張雅慧
美術編輯／林雅錚
行銷企畫／吳幸芳・荊晟庭
印務統籌／劉鳳剛・高榮祥
監　　印／高榮祥
校　　對／林家泰・張雅慧・黃國軒
排　　版／杜易蓉
經 銷 商／叩應股份有限公司
法律顧問／圓神出版事業機構法律顧問　蕭雄淋律師
印　　刷／龍岡數位文化股份有限公司
2015年3月　初版

定價 270 元　ISBN 978-986-136-416-2

演技決定酬勞！
成功的談判就是，讓對方相信你要他相信的事情！
只要具備冷靜的判斷力、能一眼相中決策者、
堅定朝目標前進、體察人心，以人爲本，通常都能夠達成目的。
──《30個看穿人心的談判魔法，讓對手聽你的》

國家圖書館出版品預行編目資料

30個看穿人心的談判魔法，讓對手聽你的 ／
林家泰 著. -- 初版 -- 臺北市：如何，2015.3
216面；14.8×20.8公分 --（Happy learning；144）
ISBN 978-986-136-416-2（平裝）

1. 商業談判 2. 談判策略 3. 溝通技巧

490.17 104000242